服装中职教育"十二五"部委级规划教材

U0311455

服装CAD应用

丛书主编　陈桂林

本书主编　陈桂林　王威仪

中国纺织出版社

内 容 提 要

本书依托富怡V8服装CAD和日升服装CAD NACPro V1.0版本为基础平台，全面、系统地介绍了新原型的结构设计原理，主要内容包括原型制板技术原理与省道变化，并从中重点分析了女装工业制板中的结构造型特点与板型设计技巧。针对服装CAD工业制板的特点，作者细致地介绍了最新版本服装CAD的操作技巧，着重分析了女装与男装的工业制板、推板、排料等具体操作过程。本书按照工业化服装CAD制板的模式进行编写，并配有结构图、裁片图、放码图。另外，逐步讲解的操作方式涵盖了富怡服装CAD软件的各项功能，能够更好地指导读者进行服装CAD制板软件的学习。

本书是服装中职教育"十二五"部委级规划教材，同时也可作为服装企业技术人员、短期培训学员、服装爱好者、服装企业从业人员提高技术技能的培训教材，对广大服装爱好者同样具有一定的参考价值。

图书在版编目（CIP）数据

服装 CAD 应用 / 陈桂林，王威仪主编 .—北京：中国纺织出版社，2014.1
服装中职教育"十二五"部委级规划教材
ISBN 978-7-5180-0167-5

I.①服… II.①陈… ②王… III.①服装设计—计算机辅助设计—中等专业学校—教材 Ⅳ .① TS941.26

中国版本图书馆 CIP 数据核字（2013）第 271558 号

策划编辑：华长印　　责任编辑：杨美艳　　特约编辑：孙成成
责任校对：梁　颖　　责任设计：何　建　　责任印制：储志伟

中国纺织出版社出版发行
地址：北京市朝阳区百子湾东里A407号楼　邮政编码：100124
邮购电话：010 — 87155894　传真：010 — 87155801
http://www.c-textilep.com
E-mail:faxing@c-textilep.com
北京通天印刷有限责任公司印刷　　各地新华书店经销
2014年1月第1版第1次印刷
开本：787×1092　1/16　印张：17.75
字数：273千字　定价：32.00元（附赠富怡V8学习版网络资源）

凡购本书，如有缺页、倒页、脱页，由本社图书营销中心调换

服装中职教育"十二五"部委级规划教材

主审专家（排名不分先后）

清华大学美术学院　肖文陵教授

东华大学服装与艺术设计学院　李俊教授

武汉纺织大学服装学院　熊兆飞教授

湖南师范大学工程与设计学院　欧阳心力教授

广西科技职业学院　陈桂林教授

吉林工程技术师范学院服装工程学院　韩静教授

中国十佳服装设计师、中国服装设计师协会副主席　刘洋先生

编写委员会

主　　任：陈桂林

副主任：冀艳波　张龙琳

委　　员：（按姓氏拼音字母顺序排列）

暴　巍	陈凌云	胡　茗	胡晓东	黄珍珍	吕　钊
李兵兵	雷中民	毛艺坛	梅小琛	屈一斌	任丽红
孙鑫磊	王威仪	王　宏	肖　红	余　朋	易记平
张　耘	张艳华	张春娥	张　雷	张　琼	周桂芹

出版者的话

《国家中长期教育改革和发展规划纲要》（简称《纲要》）中提出"要大力发展职业教育"。职业教育要"把提高质量作为重点。以服务为宗旨，以就业为导向，推进教育教学改革。实行工学结合、校企合作、顶岗实习的人才培养模式"。为全面贯彻落实《纲要》，中国纺织服装教育学会协同中国纺织出版社，认真组织制订"十二五"部委级教材规划，组织专家对各院校上报的"十二五"规划教材选题进行认真评选，力求使教材出版与教学改革和课程建设发展相适应，并对项目式教学模式的配套教材进行了探索，充分体现职业技能培养的特点。在教材的编写上重视实践和实训环节内容，使教材内容具有以下三个特点：

（1）围绕一个核心——育人目标。根据教育规律和课程设置特点，从培养学生学习兴趣和提高职业技能入手，教材内容围绕生产实际和教学需要展开，形式上力求突出重点，强调实践。附有课程设置指导，并于章首介绍本章知识点、重点、难点及专业技能，章后附形式多样的思考题等，提高教材的可读性，增加学生学习兴趣和自学能力。

（2）突出一个环节——实践环节。教材出版突出中职教育和应用性学科的特点，注重理论与生产实践的结合，有针对性地设置教材内容，增加实践、实验内容，并通过多媒体等形式，直观反映生产实践的最新成果。

（3）实现一个立体——开发立体化教材体系。充分利用现代教育技术手段，构建数字教育资源平台，部分教材开发了教学课件、音像制品、素材库、试题库等多种立体化的配套教材，以直观的形式和丰富的表达充分展现教学内容。

教材出版是教育发展中的重要组成部分，为出版高质量的教材，出版社严格甄选作者，组织专家评审，并对出版全过程进行跟踪，及时了解教材编写进度、编写质量，力求做到作者权威、

编辑专业、审读严格、精品出版。我们愿与院校一起，共同探讨、完善教材出版，不断推出精品教材，以适应我国职业教育的发展要求。

中国纺织出版社
教材出版中心

序

为深入贯彻《国务院关于加大发展职业教育的决定》和《国家中长期教育改革和发展规划纲要（2010-2020年）》，落实教育部《关于进一步深化中等职业教育教学改革的若干意见》、《中等职业教育改革创新行动计划（2010-2012年）》等文件精神，推动中等职业学校服装专业教材建设，在中国纺织服装教育学会的大力支持下，中国纺织出版社联袂北京轻纺联盟教育科技中心共同组织全国知名服装院校教师、企业知名技术专家、国家职业鉴定考评员等联合组织编写服装中职教育"十二五"部委级规划教材。

一、本套教材的开发背景

从2006年《国务院关于大力发展职业教育的决定》将"工学结合"作为职业教育人才培养模式改革的重要切入点，到2010年《国家中长期教育改革和发展规划纲要2010-2020年》把实行"工学结合、校企合作、顶岗实习"的培养模式部署为提高职业教育质量的重点，经过四年的职业教育改革与实践，各地职业学校对职业教育人才培养模式中的宏观和中观层面的要求基本达成共识，办学理念得到了广泛认可。当前职业教育教学改革应着力于微观层面的改革，以课程改革为核心，实现实习实训、师资队伍、教学模式的改革，探索工学结合的职业教育特色，培养高素质技能型人才。

同时，由于中国服装产业经历了三十多年的飞速发展，产业结构、经营模式、管理方式、技术工艺等方面都产生了巨大的变革，所以传统的服装教材已经无法满足现代服装教育的需求，服装中职教育迫切需要一套适合自身模式的教材。

二、当前服装中职教材存在的问题

1.服装专业现用教材多数内容比较陈旧，缺乏知识的更新。甚至部分教材还是七八十年代出版的。服装产业属于时尚产业，每年都有不同的流行趋势。再加上近几年服装产业飞速地发展，设备技术不断地更新，一成不变的专业教材，已经不能满足现行教学的需要。

2.教材理论偏多，指导学生进行生产操作的内容太少，实训实验课与实际生产脱节，导致整体实用性不强，使学生产生"学了也白学"的想法。

3.专业课之间内容脱节现象严重，缺乏实用性及可操作性。服装设计、服装制板、服装工艺教材之间的知识点没有得到紧密的关联，款式设计与板型工艺之间没有充分地结合和对应，并且款式陈旧，跟不上时尚的步伐，所以学生对制图和工艺知识缺乏足够的认识及了解，设计的款式只能单纯停留在设计稿。

三、本套教材特点

1.体现了新的课程理念

本书以"工作过程"为导向，以职业行动领域为依据确定专业技能定位，并通过以实际案例操作为主要特征的学习情境使其具体化。"行动领域→学习领域→学习情境"构成了该书的内容体系。

2.坚持了"工学结合"的教学原则

本套教材以与企业接轨为突破口，以专业知识为核心内容，争取在避免知识点重复的基础上做到精练实用。同时理论联系实际、深入浅出，并以大量的实例进行解析。力求取之于工，用之于学。

3.教材内容简明实用

全套教材大胆精简理论推导，果断摒弃过时、陈旧的内容，及时反映新知识、新技术、新工艺和新方法。教材内容安排均以能够与职业岗位能力培养结合为前提。力求通过全套教材的编写，努力为中职教育教学改革服务，为社会培养急需的优秀初级技术型应用人才服务。同时考虑到减轻学生学习负担，除个别教材外，多数教材都控制在20万字左右，内容精练、实用。

本套教材的编写队伍主要以服装院校长期从事一线教学且具有高级讲师职称的老师为主，并根据专业特点，吸收了一些双师型教师、知名企业技术专家、国家职业鉴定考评员来共同参加编写，以保证教材的实用性和针对性。

希望本套服装中职教材的出版，能为更好地深化服装院校教育教学改革提供帮助和参考。对于推动服装教育紧跟产业发展步伐和企业用人需求，创新人才培养模式，提高人才培养质量也具有积极的意义。

国家职业分类大典修订专家委员会纺织服装专家

广西科技职业学院副院长

北京轻纺联盟教育科技中心主任

2013年6月

前　言

　　随着科学技术的发展以及人民生活水平的提高，消费者对服装品位的追求发生着显著的变化，促使服装生产向着小批量、多品种、高质量、短周期的方向发展。这就要求服装企业必须使用现代化的高科技手段，加快产品的开发速度，提高市场快速反应能力。服装CAD技术是计算机技术与服装工业结合的产物，它是企业提高工作效率、增强创新能力和市场竞争力的一个有效工具。目前，服装CAD系统的工业化应用日益普及。

　　服装CAD技术的普及有助于增强设计与生产之间的联系，有助于服装生产厂商对市场的需求做出快速反应。同时，服装CAD系统也使得生产工艺变得十分灵活，从而使公司的生产效率、对市场的敏感度得到显著提高。如果服装企业能充分利用计算机技术，必将会在市场竞争中处于有利地位，并能取得显著的效益。

　　传统的服装教学，远远不能满足现代服装企业的用人需求。现代服装企业不仅需要实用的技术人才，更需要有技术创新能力和能适应服装现代技术发展的人才。为了满足现代服装产业发展的需要，本书首次采用工业化服装CAD的打板模式，并严格遵循工业服装CAD制板顺序进行编写。每一个案例都是经过工艺成衣验正效果后，才正式将数据编录书中。本书同现代服装企业的实践操作相结合，制板方法简单易学，图文并茂，并附上原理依据，便于读者自学，真正达到边学边用、学以致用的效果。

　　本书采用国内市场占有率较高的富怡和日升服装CAD软件作为实操讲解内容。其中所有纸样均采用工业化1∶1绘制，然后按等比例缩小，保证了所有图形清晰且不失比例。同时，本书根据服装纸样的设计规律和放缩要求，结合现代服装纸样设计原理与方法，科学地总结了一整套独特的纸样打板方法。此方法突破了传统方法的局限性，能够更好地适应各种服装款式的变化和不同号型标准的纸样放缩需求，具有原理性强、适用性广、科学准确、易于掌握等特点，便于在生产实际中应用。

本书的编写紧紧围绕"学以致用"的宗旨，尽可能地使教材通俗易懂，便于自学。同时，本书还附赠富怡V8学习版网络资源。本书不仅是服装中职教育"十二五"部委级规划教材，同时也可作为社会培训机构、服装企业技术人员、服装爱好者、初学者的学习参考工具书。

本书第一章、第二章、第三章、第四章、第五章由广西科技职业学院陈桂林教授编写，第六章由北京服装学院王威仪老师编写，全书由陈桂林统稿。本书在编写过程中得到了天津市盈瑞恒数控设备有限公司董事长李晋宁、北京市日升天辰电子有限责任公司董事长王琼等朋友的热心支持，在此一并致谢！

由于编写时间仓促，本书难免有不足之处，敬请广大读者和同行批评赐教，提出宝贵意见，便于本书再版修订，不胜感激！

2013年8月

教学内容与课时安排

章/课时	课程性质/课时	节	课程内容
第一章 （3课时）	基础理论 （3课时）		• 服装CAD基础知识
		一	认识服装CAD
		二	服装CAD系统硬件
		三	服装CAD的发展现状与趋势
第二章 （18课时）	应用理论 （24课时）		• 富怡V8服装CAD系统
		一	富怡V8服装CAD系统的特点与安装
		二	富怡V8服装CAD系统专业术语介绍
		三	开样与放码系统功能介绍
		四	排料系统功能介绍
		五	常用工具操作方法介绍
		六	读图与点放码功能介绍
第三章 （6课时）			• 原型法制板技术原理
		一	新文化式服装原型绘制
		二	服装CAD转省应用
第四章 （20课时）	实践课程 （48课时）		• 服装CAD制板
		一	短裙制板
		二	铅笔裤制板
		三	女衬衫制板
		四	连衣裙制板
		五	男西装制板
第五章 （4课时）			• 服装CAD放码与排料
		一	放码
		二	排料
第六章 （24课时）			• 日升服装CAD系统
		一	日升服装CAD系统概述
		二	日升服装CAD打板系统
		三	日升服装CAD推板系统
		四	日升服装CAD排料系统

注　各院校可根据自身的教学特色和教学计划对课程时数进行调整。

第一章　服装CAD基础知识 ·· 001
第一节　认识服装CAD ·· 002
第二节　服装CAD系统硬件 ·· 008
第三节　服装CAD的发展现状与趋势 ··· 012
思考与练习题 ··· 017

第二章　富怡V8服装CAD系统 ·· 019
第一节　富怡V8服装CAD系统的特点与安装 ······································ 020
第二节　富怡V8服装CAD系统专业术语介绍 ······································ 023
第三节　开样与放码系统功能介绍 ··· 024
第四节　排料系统功能介绍 ·· 039
第五节　常用工具操作方法介绍 ·· 055
第六节　读图与点放码功能介绍 ·· 081
思考与练习题 ··· 090

第三章　原型法制板技术原理 ·· 091
第一节　新文化式服装原型绘制 ·· 092
第二节　服装CAD转省应用 ·· 110
思考与练习题 ··· 115

第四章　服装CAD制板 ·· 117
第一节　短裙制板 ··· 118
第二节　铅笔裤制板 ··· 131
第三节　女衬衫制板 ··· 156
第四节　连衣裙制板 ··· 169
第五节　男西装制板 ··· 178
思考与练习题 ··· 196

第五章　服装CAD放码与排料 ·· 197

第一节　放码 ·· 198

第二节　排料 ·· 205

思考与练习题 ·· 211

第六章　日升服装CAD系统 ·· 213

第一节　日升服装CAD系统概述 ·· 214

第二节　日升服装CAD打板系统 ·· 220

第三节　日升服装CAD推板系统 ·· 235

第四节　日升服装CAD排料系统 ·· 250

思考与练习题 ·· 260

参考文献 ·· 261

附录 ·· 262

附录1.富怡服装CAD软件V8版本快捷键介绍 ·· 262

附录2.富怡服装CAD软件V8版本新增功能概览表 ·· 266

附录3.富怡服装CAD系统键盘快捷键介绍 ·· 268

第一章
服装CAD基础知识

课题名称： 服装CAD基础知识

课题内容： 认识服装CAD

服装CAD系统硬件

服装CAD的发展现状与趋势

课题时间： 3课时

训练目的： 了解服装CAD基本概念、服装CAD系统硬件、服装CAD的发展现状与趋势。

教学方式： 讲授法、举例法、示范法、启发式教学、现场实训教学相结合。

教学要求： 1.使学生了解服装CAD基本概念。

2.使学生了解服装CAD系统硬件。

3.使学生了解服装CAD的发展现状与趋势。

CAD是计算机辅助设计软件（Computer-Aided Design）的缩写，服装CAD对于服装产业来说，其应用已经成为历史性变革的标志。服装CAD是采用人机交互的手段，充分运用计算机的图形学与数据库原理，将网络的高新技术与设计师的完美构思融入其中，促使创新能力与经验知识完美组合，从而达到降低生产成本、减少工作负荷、提高设计质量、缩短生产周期的功能性目的，大大缩短了服装从设计到投产的过程。

第一节　认识服装CAD

近年来，国际服装行业的发展趋势表现在服装流行的周期缩短，款式个性化及多样化进一步加强。这种变化反映在服装生产企业的特点是：服装生产多品种少批量。款式的增多给生产企业带来较大的样板设计压力，特别是规格放缩（即推板）的工作更加费时、费力，以至于样板设计及其相关工作往往成为生产的瓶颈。

基于现代化计算机信息技术的发展，美国在20世纪80年代就曾经提出过敏捷制造策略DAMA（Demand Activated Manufacturing Architecture）。使用这一策略，使美国、德国、日本等国家都不同程度地提高了生产效率。

服装CAD作为计算机信息技术的一个方面，在服装生产及信息化发展过程中占据着无可替代的地位，成为服装企业必备的重要工具。目前，我国50%左右的服装企业都引进了服装CAD系统，它被广泛应用于设计、生产、管理、市场等各个领域。

CAD/CAM是计算机辅助设计（Computer Aided Design）和计算机辅助生产（Computer Aided Manufacture）这两个概念的缩略形式。CAD一般用于设计阶段，辅助产品的创作过程；而CAM则用于生产过程，用于控制生产设备或生产系统，如制板、推板、排料和裁剪。服装CAD/CAM系统有助于增强设计与生产之间的联系，从而促使服装生产厂商能够对市场的需求做出快速反应。同时，服装CAD系统也使得生产工艺变得十分灵活，使公司的生产效率、对市场敏感性及在市场中的地位得到显著提高。服装企业如果能充分利用计算机技术，必将会在市场竞争中处于有利地位，并能取得显著的经济效益。

服装CAD系统主要包括两大模块，即服装设计模块和辅助生产模块。其中设计模块又可分为面料设计（机织面料设计、针织面料设计、印花图案设计等）、服装设计（服装效果图设计、服装结构图设计、立体贴图、三维设计与款式设计等）；辅助生产模块又可分为面料生产（控制纺织生产设备的CAD系统）、服装生产（服装制板、推板、排料、裁剪等）。

一、计算机辅助设计系统

所有从事面料设计与开发的人员都可借助CAD系统，进行高效、快速的效果图展示及色彩的搭配组合。设计师不仅可以借助CAD系统充分发挥自己的创造才能，同时还可借助CAD系统做一些费时的重复性工作。面料设计CAD系统具有强大而丰富的功能，设计师利用它可以创作出从抽象到写实效果的各种类型的图形图像，并配以富于想象的处理手法。

如图1-1所示，服装设计师使用CAD款式设计系统，借助其强大的立体贴图功能，快捷、高效地完成了色彩修改及面料替换之类的工作。这一功能可用于表现同一款式、不同面料的外观效果。实现上述功能，操作人员首先要在照片上勾画出服装的轮廓线，然后利用软件工具设计网格，使其适合服装的每一部分。在服装行业中，样衣制作是较费时、费工的一个流程。公司经常要以各种颜色的组合来表现设计作品，如果没有CAD系统，在对原始图案进行变化时要经常进行许多重复性的工作。借助立体贴图功能，各种二维的织物图像就可以在照片上展示出来，节省了大量生产试衣的时间。此外，许多CAD系统还可以将织物变形后直接覆盖在真人模特的照片上，以展示成品服装的真实穿着效果。借助这一方式，服装公司通常可以在样品生产出来之前，向客户更好地展示设计作品。

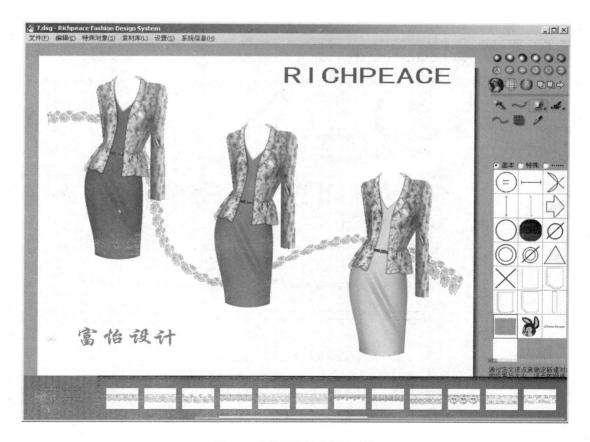

图1-1　富怡服装款式设计系统

二、计算机辅助生产系统

如图1-2、图1-3所示，在服装生产方面，CAD系统应用于服装的制板、推板和排料等领域。在制板方面，服装制板师借助CAD系统完成一些比较耗时的工作，如样板拼接、褶裥设计、省道转移变化等。同时，许多CAD或CAM系统还可以测量缝合部位的尺寸，从而检验两片样片是否可以准确地缝合在一起。生产厂家通常用绘图机将样板打印出来，该样板可以用来指导裁剪。如果排料符合用户要求的话，接下来便可用于批量服装的裁剪流程了。CAD系统除具有样板设计功能外，还可根据放码规则进行推板。推板规则通常由一个尺寸表来厘定，并存贮在推板规则库中。利用CAD/CAM系统进行推板和排料所需要的时间只占手工完成所需时间的一小部分，极大地提高了服装企业的生产效率。

大多数企业都保存有许多原型样板，这些原型样板是所有样板变化的基础。通常，先将原型样板描绘在纸上，然后再根据服装款式加以变化。一般情况下，除了从合体到宽松的较大调整外，服装款式的变化较小，因此不需要做出较大的改动。在大多数服装公司，服装样板的设计是在平面上进行的，做出样衣后通过模特试衣来决定样板的正确与否（通过合体性和造型原则两个方面进行评价）。

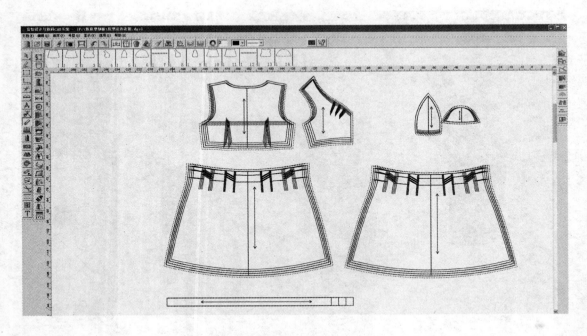

图1-2　富怡服装CAD打板、推板系统

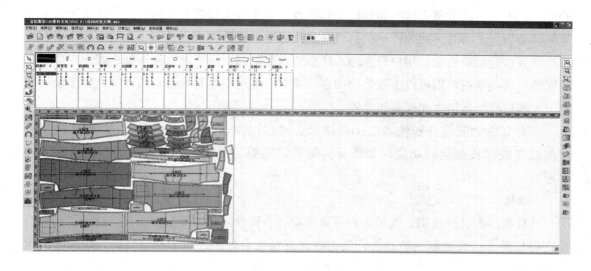

图1-3　富怡服装CAD排料系统

三、服装CAD的制板流程

　　服装制板师的技术在于将二维平面上的裁剪的材料包覆在三维的人体上。目前，世界上主要有两种样板设计方法：一是在平面上进行打板和样板变化，以形成三维立体的服装造型；二是将织物披挂在人台或人体上进行立体裁剪。许多顶级的时装设计师常用此法，即直接将面料披挂在人台上，用大头针固定，按照一定的设计构思进行裁剪和塑型。对他们来说，样板随着他们的设计思想而变化。将面料从人台上取下，并在纸上描绘出来就可得到最终的服装样板。以上两类样板设计方法都会给服装CAD的程序设计人员以一定的参考价值。

　　国际上第一套应用于服装领域的CAD/CAM系统主要用于推板和排料。可以说，几乎这一系统的所有功能都是围绕着平面样板设计展开的，所以它是工作在二维系统上的。当然，也有人试图设计以三维方式定做样板的系统方式，但直到现在为止还不够成熟，也不足以指导设计与生产。三维服装样板设计系统的开发时间较长，打板方式也会相当复杂。

　　1.样板输入

　　样板输入也叫开样或读图。服装样板的输入方式主要有两种：一是利用服装CAD软件直接在屏幕上制板；二是借助数字化仪将样板输入到服装CAD系统中。第二种方法十分简单：用户首先将样板固定在读图板上，利用游标将样板的关键点读入计算机。通过点击游标上的特定按钮，通知系统输入的点是直线点、曲线点还是剪口点。在这一过程中，操作者不仅可以将样板输入到计算机中，还能够标明样板上的布纹方向和其他一些相关信息。部分服装CAD系统并不要求这种严格定义的样板输入方法，用户可以使用光笔而不是游标，利用普通的绘图工具（如直尺，曲线板等）在一张白纸上绘制样板，数字化仪读取笔的移动信息，将其转换为样板信息，并且在屏幕上显示出来。目前，有的服装CAD系统还提供有自动制板功能，用户只需输入样板的有关数据，系统就会根据制板规则产生所要的样板。这些制板规则可以由服装公司自己建立，但这需要具有一定的计算机程序设计技术，才能较好地运用这些规则和要领。

一套完整的服装样板输入CAD系统后，还可以随时使用这些样板，所有系统几乎都能够完成样板变化的功能，如样板的加长、缩短、分割、合并、添加褶裥、省道转移等。

2. 推板

计算机推板又称放码，其最大特点是速度快、精确度高。手工推板包括移点、描板、检查等步骤，这需要娴熟的技艺，因为缝接部位的合理配合对成品服装的外观起着决定性的作用，值得注意的是，即使是曲线形状的细小变化也会给造型带来不良的影响。虽然CAD/CAM系统不能发现造型方面的问题，但它却可以在瞬间完成网状样片，并提供具有检查缝合部位长度及进行修改功能的工具。

CAD系统需要用户在基础板上标出放码点。计算机系统则会根据每个放码点各自的推板规则生产全部号型的样板，并根据基础板的形状绘制出网状样片。用户可以对每一号型的样板进行尺寸检查，推板规则也可以反复修改，以使服装的穿着状态更加合体。从概念上来讲，这虽然是一个十分简单的过程，但具备有关人体的三维立体知识并了解与二维平面样板之间的关系是使用计算机进行推板的先决条件。

3. 排料

排料又称排唛架，一般采用人机交换排料和计算机自动排料两种方法。排料对任何一家服装企业来说都是非常重要的，因为它直接关系到生产成本的高低。只有在排料完成后，才能开始裁剪、加工服装。在排料过程中有一个问题值得考虑，即可以用于排料的时间与可以接受的排料率之间的关系。使用CAD系统的最大好处就是可以随时监测面料的用量，用户还可以在屏幕上看到所排衣片的全部信息，再也不必在纸上以手工方式描出所有的样板，仅此一项就可以节省大量时间。许多系统都提供自动排料功能，这使得服装设计师可以很快估算出一件服装的面料用量。由于面料用量是服装加工初期成本的一部分。因此在对服装外观影响最小的前提下，制板师经常会对服装样板做适当的修改和调整以降低面料消耗量。裙子就是一个很好的例子，如三片裙在排料方面就比两片裙更加紧凑，从而可以提高面料的使用率。

无论服装企业是否拥有自动裁床，排料过程都包含有很多技术和经验。我们可以尝试多次自动排料，但排料结果绝不会超越一位排料专家。计算机系统成功的关键在于它可以使用户试验样片各种不同的排列方式，并记录下各阶段的排料结果，再通过多次尝试能够得出可以接受的材料利用率。由于这一过程通常在一台终端上就可以完成，与纯手工相比，它占用的工作空间很小，所需要的时间也较短。

四、服装CAD的作用

1.对服装企业的作用

服装CAD的合理应用可以优化产品设计和产品开发，加强企业的产业结构调整，降低管理费用，提高企业的利润空间。另外，减少工人的劳动强度和改善工作环境，方便生产管理，也是CAD软件实现资源共享的积极方面。同时，它也可以达到与国际接轨、方便网络服装技术数据传输的目的，借此提升企业形象与竞争优势。

2.对服装设计师和制板师的作用

服装设计师的灵感和设计理念可以与服装CAD功能完美组合，会使设计更加迅速和灵活。设计师不仅可以利用CAD系统随意选择不同的色彩、面料与花型，而且可以从中欣赏模拟成衣的直观效果。服装制板师若遇到款式风格相近的姐妹篇或款式风格多元化的服装，他只需打一个基础样板，再利用CAD系统中的另存文档，然后结合新款式的具体风格要求修改即可。这样，推板和排料流程的时效性便可以大大加强。服装CAD的应用服装制板师可以把这些重复性的工作交给计算机来完成，留出更多的时间用于创作。由此可见，服装CAD系统不仅可以提高服装设计师的创作能力，同时也可以提高服装制板师的设计质量和设计时效。

3.对消费者的作用

服装设计的最终目的是为消费者服务。消费者可以将自己喜欢的色彩、款式、部位尺寸等信息告知设计师，设计师再将各项数据参数输入到服装CAD中，通过三维计算机试衣模块模拟消费者的着装效果。这样便可以修改不理想的色彩与结构设计，使消费者得到更加满意的服务。同时，服装CAD的最新技术还有量身定制的系统模块，企业可以依据客户体型数据和对产品生产的具体要求，从样片库匹配相对应的样板模式。这样就可以按照客户的要求实现量体裁衣，真正做到既合体又舒适，从这一层面来说，服装CAD对提高消费者的服务质量和产品质量均起到不可估量的作用。

4.对服装教育的作用

随着计算机技术的发展，服装CAD的开发成本越来越低，其功能越来越完善，应用也越来越广泛。再加上现代服装工程设计包括的款式设计、结构设计和工艺设计三大部分，服装CAD被设为必修课程之一。其主要原因是，服装CAD具有灵活性、高效性、可储存性，是服装设计师、制板师的一种重要的创作工具。服装产业要发展，服装教育必须先行。

总之，服装CAD技术的应用将为我国的服装产业发展起到极大的推进作用，目前服装CAD技术正在实现CAM、CAPP、PDM、MIS系统的集成智能一体化，使系统统一的每一个环节更加个性化、智能化、科学化。在网络技术手段的支持下，服装CAD有望实现全球一体化的设计制造加工服务系统。由此可见，服装CAD对服装产业发展起到了重要的推动作用。

第二节　服装CAD系统硬件

服装CAD系统是由软件和硬件组成的，硬件是其中重要的组成部分。服装CAD系统硬件主要由图形输入设备、图形输出设备两大类组成。

一、图形输入设备

1.计算机（图1-4）

计算机是服装CAD系统的主要控制和操作设备之一。由主机、输入设备、输出设备、软件系统四部分组成。

图1-4　计算机

（1）主机。主机是计算机的心脏和大脑，内部包含很多的部件，能够分别实现各种连接和处理功能。它能存储、输入、处理各项信息进行运算，控制其他设备的工作。

（2）输入设备。键盘主要用于输入文字和命令，是一种输入设备。除此之外，我们常用的输入设备还有很多，如鼠标、话筒、扫描仪、手写笔等。

（3）输出设备。显示器可以把计算机处理的数据呈现出来，是一种输出设备。输出设备还有打印机、音箱等。打印机通常有针打、喷打、激打之分。 主机是计算机的核心，输入/输出设备中除了显示器、键盘必不可少外，其他的可根据需要配备，当然，多一样设备，多一种功能。以上都是能够看到的部分，我们把它们叫做硬件。

（4）软件系统。软件系统就是依附于硬件系统的各个程序，包括控制程序、操作程序、应用程序等。

（5）计算机配置。根据服装CAD系统的要求，见表1-1，需要选择适当的硬件型号与其进行配置，以满足服装CAD系统的正常运行。

表1–1　计算机配置及参数对照表

处理器系列	英特尔 酷睿 2 双核 T6 系列	处理器主频	2.2GHz
处理器型号	Intel 酷睿 2 双核 T6670	总线	800
二级缓存	2MB	核心类型	Penryn
核心数 / 线程	双核心双线程	主板芯片组	Intel GS40+ICH9M
内存容量	4GB	内存类型	DDR3
最大支持内存	8GB	硬盘容量	500GB
硬盘描述	5400 转，SATA	光驱类型	DVD 刻录机
光驱描述	支持 DVD SuperMulti 双层刻录	屏幕尺寸	24 英寸
屏幕比例	16：9	屏幕分辨率	1366×768
背光技术	LED 背光	显卡类型	独立显卡
显卡芯片	ATI Mobility Radeon HD4570	显存容量	512MB
显存位宽	64bit	音频系统	内置音效芯片
扬声器	立体声扬声器	数据接口	3×USB2.0
视频接口	VGA，HDMI	操作系统	Windows 7 Home Premium

（6）计算机主机端口识别（图1–5）。

（7）鼠标的使用（图1–6）。

①左键单击：单击鼠标左键一下，抬起。主要用于选择某个功能。

②左键双击：连续按鼠标左键两下，抬起。主要用于进入某个应用程序。

③左键框选：按住鼠标左键不要松手，框选。主要用于框选某一段线段。

④左键拖动：按住鼠标左键，移动鼠标。通常用于应用软件中的放大等操作步骤。

⑤右键单击：按鼠标右键一下，抬起。主要用于结束当前功能或切换成某一个新的功能。

⑥右键双击：连续按鼠标右键两下，抬起。一般由各种应用软件自行定义。

⑦鼠标滚轮：移动鼠标滚轮，使当前页面上下滚动。应用软件可以对滚轮做特殊的定义。

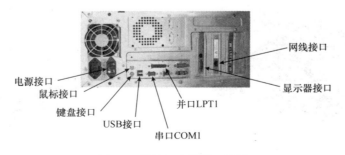

图1–5　计算机主机端口识别

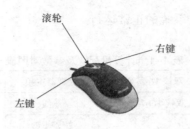

图1-6 鼠标

2.数码相机（图1-7）

数码相机用来输入资料图片、款式图片、面料等。

3.扫描仪（图1-8）

扫描仪用来扫描资料图片、款式图片、面料等。

图1-7 数码相机

图1-8 扫描仪

4.压感笔（图1-9）

压感笔用于输入服装款式图、工艺图等。数码压力感应笔需要配合数位板一起使用。

5.数字化仪（图1-10）

数字化仪用于将手工制作出服装样板读入计算机中，再进一步进行服装CAD推板和排料。

图1-9 压感笔

图1-10 数字化仪

6.大幅面扫描仪（图1-11）

大幅面扫描仪用于将手工制作出的服装样板读入计算机中，再进一步进行服装CAD推板和排料。

7.服装样板摄像输入软件（图1-12）

通过数码相机或扫描输入，服装样板摄像输入软件能够自动识别衣片。操作者只需在计算机屏幕上一点即可完成衣片的读入，比传统数字化仪的逐点读片速度提高数倍。

图1-11 大幅面扫描仪　　　　　　　　图1-12 服装样板摄像输入软件

二、图形输出设备

1.喷墨服装绘图机（图1-13）

喷墨服装绘图机用于输出1:1服装样板图或排料图。

2.切割绘图一体机（图1-14）

切割绘图一体机用于将成品版型输出并切割成工业服装生产样板。

图1-13 喷墨服装绘图机　　　　　　　　图1-14 切割绘图一体机

3.激光裁剪机（图1-15）

激光裁剪机利用激光裁剪服装样板、面料。

4.平板切割机（图1-16）

平板切割机用于输出并切割成工业服装生产样板。

图1-15　激光裁剪机　　　　　　　　　　　　　图1-16　平板切割机

5.全自动铺布机（图1-17）

全自动铺布机用于工业服装裁剪时自动拉布、铺布的操作。

6.计算机自动裁床（图1-18）

计算机自动裁床用于工业化服装的自动裁剪。

图1-17　全自动铺布机　　　　　　　　　　　图1-18　计算机自动裁床

第三节　服装CAD的发展现状与趋势

一、国内服装CAD发展现状

服装CAD软件最早于20世纪70年代诞生在美国，是高科技技术在低技术行业中的应用。它不仅提高了服装业的科技水平，优化了服装设计与生产的流程，还减轻了工作人员的劳动强度。因此，服装CAD软件历经了近40年的发展和完善后，在国外发达国家已经相当普及了。

有这样一组数据可供参考：我国目前约有服装生产企业6万家，而使用服装CAD的企业仅在3万家左右，也就是说我国服装CAD的市场普及率仅在50%左右。甚至有专家认为，由于我国服装企业两极分化较严重，有的厂家可能拥有数套服装CAD系统，有的则可能从来没有过，所以真正使用了服装CAD系统的厂家数量可能比这个数据更少。

当前，约有15家左右的供应商活跃在中国服装CAD市场，而在中国3万余家使用服装CAD的企业中，国产服装CAD已经占了近4/5的市场份额。自2000年以后，国产服装CAD凭借着服务优势、价格优势、性能优势异军突起，促使国外服装CAD在国内市场一路下滑。

1.服装企业决策人员的观念误区

（1）服装CAD使用成本高，手工操作比较划算。其实目前服装CAD软件的使用成本并不高，比全部使用人工更加节省。

（2）人员安排不合理。有些人认为使用计算机以后就可以不必聘请有经验的老师傅了，其实这正是很多企业无法有效利用服装CAD的根本原因。

（3）盲目选择国外产品。国外的产品在硬件方面的确优于国内产品，但软件方面往往操作烦琐，制图思路也不符合国人的操作习惯。相反，国内的软件更加符合国人的操作要求和操作习惯。

（4）只看价格，不看产品及服务。价格虽然重要，但如果产品和服务跟不上更是得不偿失。相比价格，产品性能和服务能力更加重要。

（5）认为计算机排料浪费。早期的服装CAD的确排料浪费，但目前多数服装CAD已经具备了旋转、倾斜、重叠等功能，操作更加灵活，甚至还可以等比例缩小所有裁片以达到省料的目的。

2.服装制板师的观念误区

（1）期望值过高，以为学会了计算机就可以万事大吉。其实，使用服装CAD也需要一个熟悉的过程，在使用初期由于操作不熟练往往会产生很多问题。

（2）没有认清计算机与手工的区别。计算机制图与手工制图是有区别的，总的来说，手工比较直观，而计算机会有更多快捷的方法。从某些层面来说，使用计算机可能还不如手工方便。

（3）浅尝辄止，遇到困难就停止使用。这往往是多数企业搁置服装CAD的主要原因。

（4）生产过于繁忙，没有时间学习。服装生产企业不忙的时间并不多，如果等有空了再学，可能永远也无法学会。

二、服装CAD的发展趋势

服装CAD作为一种与计算机技术密切相关的产物，其发展历程经过初期、成长、成熟等阶段。根据研究显示，今后服装CAD系统的发展趋势如下：

1.智能化

知识工程、专家系统等将会逐渐应用到服装CAD当中，系统可以实现自动识别、全自动设计以及更加强大的自动推板和自动排料等。

2.简单化

今后的服装CAD将进一步降低学习难度，减少操作步骤，使学习操作更加方便、快捷。

3.集成化

减少流通环节，整合信息资源，今后的服装CAD将发展成为计算机集成服装制造CIMS（Computer Integrated Manufacturing System）的一个不可分割的环节。

4.立体化

目前已经有少数服装CAD软件建立了三维动态模型，今后的服装CAD将实现款式设计与结构设计（即制板）的完美结合，通过三维动态模型实现设计、试穿与修改的全部计算机作业。

5.网络化

目前网络的普及程度已经大大提高，今后网上的推广、学习、安装、使用、维护等将会被逐渐推广。服装CAD的发展成为大势所趋。

6.标准化

发展服装CAD需要建立符合国际产品数据转化标准STEP的数据模型、数据信息的表示和传输标准。

7.人性化

今后的服装CAD将会针对对板型有特殊需求的用户开发特定的定制功能，变得更加人性化。

8.兼容性

各种不同的服装CAD系统之间兼容性更好，以便满足更高的板型制作要求。

三、服装CAD的未来

1.服装NAD技术

服装NAD技术是网络辅助设计系统技术（Net Aided Design）的英文缩写。近年来，随着计算机技术、网络技术、通信技术的发展，服装产业应用Internet、PDM（产品数据管理Product Data Management）、ERP（企业资源计划系统Enterprise Resource Planning）、网络数据库、电子商务等高新技术为服装CAD的推广和应用赋予了新的设计思维和内容。这些技术将改变现有服装CAD设计模式与方式。

服装NAD技术是服装CAD发展的主要方向之一，它能够充分利用现有服装设计技术理论，结合网络和数据库技术开发面向服装产品设计制造的全过程。服装NAD将结合当前的服装CAD、CAPP（计算机辅助工艺过程设计Computer Aided Process Planning）、CAM（计算机辅助制造系统Computer Aided Manufacturing）、PDM（产品数据管理Product Data Management），并借助网络辅助技术为全球服装设计生产系统服务。

2.服装VSD技术

服装VSD技术是可视缝合设计技术（Visible Stitcher Design）的英文缩写，是在服装CAD系统四大成熟模块（款式设计、打板、推板、排料）形成之后发展而来的新趋势。服装领域使用可视缝合设计技术可以通过模拟样衣的制作过程缩短新款服装的设计时间，从而大大缩短成衣的生产周期。同时，可视缝合设计技术为服装的销售方式提供了新途径，使网上销售和网上新款发布会的普及成为可能。

首先，必须利用三维虚拟仿真技术将织物三维数字化，从而合成三维服装。织物不同于常见的硬性物体，易于变形，而服装VSD系统可以通过网格将织物进行数字量化调整，从而根本性地解决这一技术难题。

其次，创建一个三维人体模型。三维人体模型的创建除了简单的三维建模技术之外，还需要提供人体各部位尺寸的调节功能。另外，三维人体会参照各个地区人体的体形特征而有所区别。人体调节，除了各部位围度的调节之外，还可以进行整体的调节（图1-19）。

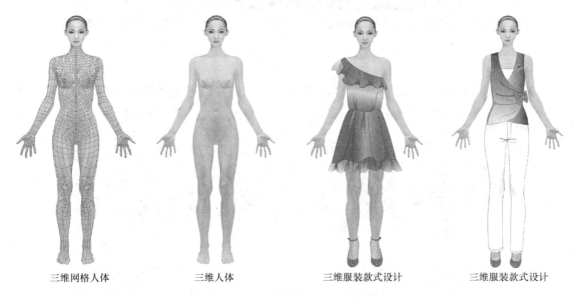

三维网格人体　　　三维人体　　　三维服装款式设计　　　三维服装款式设计

图1-19　服装VSD技术将服装样板在三维仿真模特身上模拟三维服装

［注：三维服装由深圳市广德教育科技有限公司（0755-26650090）开发的服装VSD软件绘制。］

三维虚拟服装的试穿是困扰三维虚拟仿真技术的最大难点。虚拟服装穿在三维人体上，必须根据人体的凹凸和服装材质的性能、质地等条件约束后产生变形，从而判断服装的舒适程度，进而达到理想的试衣目的。

　　服装VSD技术能使企业简化服装设计流程，结合服装款式设计图片、面辅料、Logo、印花等设计元素，在一个设定的仿真模特身上试穿即时呈现的服装仿真效果，并且能即时修改和在线展示交流。服装VSD技术通过强大的三维仿真技术应用，降低了设计成本，缩短了设计时间，提高了服装企业竞争力。

　　只要有了服装样板，就可以用计算机虚拟缝合成一件完全仿真的服装，不需要等衣服做成成品，通过计算机模拟，就可以穿在模特身上进行展示（图1-20）。

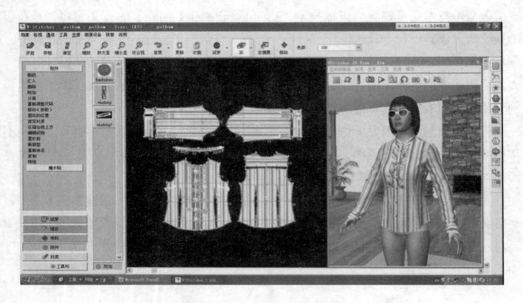

图1-20　服装VSD技术样板模拟三维服装过程

　　基于服装VSD技术和服装NAD技术的发展，人们还可以进入网络的虚拟空间去选购时装，并进行任意地挑选、搭配、试穿，最终达到理想的试衣效果（图1-21）。

图1-21　服装VSD技术模拟网上服装款式发布会

思考与练习题

1.简述服装CAD作用有哪些。

2.简述服装CAD、NAD、VSD之间的区别。

3.简述服装CAD的发展趋势。

第二章
富怡V8服装CAD系统

课题名称：富怡V8服装CAD系统

课题内容：富怡V8服装CAD系统的特点与安装

富怡V8服装CAD系统专业术语介绍

开样与放码系统功能介绍

排料系统功能介绍

常用工具操作方法介绍

读图与点放码功能介绍

课题时间：18课时

训练目的：了解富怡V8服装CAD系统，掌握富怡V8服装CAD系统的特点与安装、富怡V8服装CAD系统专业术语、开样与放码系统功能、排料系统功能、常用工具操作方法、读图与点放码功能操作技巧及操作流程。

教学方式：讲授法、举例法、示范法、启发式教学、现场实训教学相结合。

教学要求：1.使学生了解富怡V8服装CAD系统。

2.使学生掌握富怡V8服装CAD系统的特点与安装。

3.使学生能掌握富怡V8服装CAD开样与放码系统功能。

4.使学生能掌握富怡V8服装CAD排料系统功能。

5.使学生能掌握富怡V8服装CAD常用工具操作方法。

6.使学生能掌握读图与点放码功能操作技巧。

富怡（Richforever）服装CAD系统包括开样模块、放码模块、排料模块。富怡V8服装CAD开样模块具备定数化和参数化两种打板模式；放码模块具备点放码、规则放码、切开线放码和量体放码四种模式；排料模块具备系统自动排料、人机交互式排料两种模式。

第一节　富怡V8服装CAD系统的特点与安装

一、富怡V8服装CAD特点

1.开样模块

（1）开样系统具备参数法制板和自由法制板双重模式。

（2）人性化的界面设计，使传统手工制板的操作习惯通过计算机得到完美实现。

（3）自由设计法、原型法、公式法、比例法等多种打板方式，满足每位设计师的需求。

（4）迅速完成量身定制（包括特体的样板自动生成）。

（5）特有的自动存储功能，避免了文件遗失的后顾之忧。

（6）多种服装制作工艺符号及缝纫标记，可辅助完成工艺单。

（7）多种省处理、褶处理功能和15种缝边拐角类型。

（8）精确的测量、方便的纸样文字注解、高效的改板和逼真的1∶1显示功能。

（9）自动放码，并可随意修改各部位尺寸。

（10）强大的联动调节功能，使缝合的部位更合理。

2.放码模块

（1）放码系统中具备点放码和线放码两种以上放码方式；放码系统具备修改样板功能。

（2）多种放码方式：点放码、规则放码、切开线放码、量体放码。

（3）多种档差测量及拷贝功能。

（4）多种样板校对及检查功能。

（5）强大、便捷的随意改板功能。

（6）可重复的比例放缩和纸样缩水处理。

（7）任意样片的读图输入，数据准确无误。

（8）提供多种国际标准CAD格式文档（如*.DXF或*.AAMA），兼容其他CAD系统。

3. 排料模块

（1）排料系统具备自动算料功能；排料系统中具备自动分床功能；排料系统具备号型替换功能。

（2）全自动排料、人机交互排料和手动排料。

（3）具有样片缩水处理功能，可直接对预排样片进行缩水处理。

（4）独有的算料功能，快速自动计算用料率，为采购布料和粗算成本提供科学的数字依据。

（5）多种定位方式：随意翻转、定量重叠、限制重叠、多片紧靠和先排大片再排小片等。

（6）根据面辅料、同颜色不同号型、不同颜色不同号型的特点自动分床，择优排料。

（7）随意设定条格尺寸，进行对条、对格的排料处理。

（8）在不影响已排样片的情况下，实现纸样号型和单独纸样的关联替换。

（9）样板可重叠或作丝缕倾斜，并可任意分割样片。同时，排料图可作180度旋转复制或复制倒插。

（10）可输入1∶1或任意比例的排料图（迷你唛架）。

二、富怡V8服装CAD软件安装

（1）关闭所有正在运行的应用程序。

（2）把富怡CAD系统安装光盘插入光驱。

（3）打开光盘，运行Setup程序，弹出安装程序对话框（图2-1）。

（4）单击【Next】按钮，弹出安装类型对话框（图2-2）。

图2-1　安装程序对话框

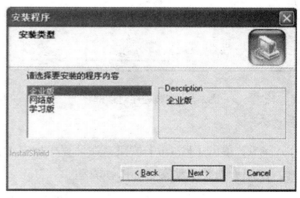
图2-2　安装类型对话框

（5）选择需要的版本，如选择"企业版"（如果是网络版用户，请选择网络版），单击【Next】按钮，弹出安装目录对话框（图2-3）。

（6）单击【Next】按钮（也可以单击【Browse…】按钮重新定义安装路径），弹出选择安装程序对话框（图2-4）。

图2-3　安装目录对话框

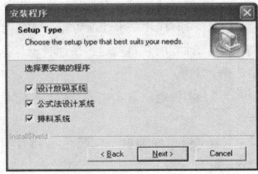

图2-4　选择安装程序对话框

（7）勾选要安装的程序，单击【Next】按钮，弹出下列对话框（图2-5）。

（8）选择您使用绘图仪类型，单击【Next】按钮，弹出下列对话框（图2-6）。

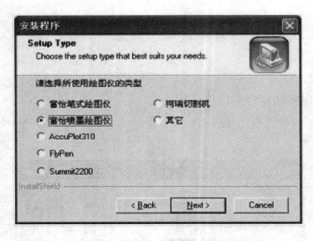

图2-5　安装程序对话框1

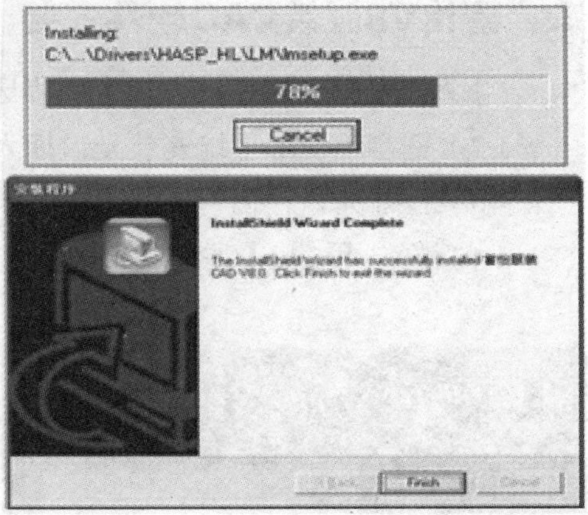

图2-6　安装程序对话框2

（9）单击【Finish】按钮，在计算机插上加密锁软件即可运行程序。如果软件无法打开，使用者需要手动安装加密锁驱动。

（10）从【我的电脑】中打开软件的安装盘符，如:C盘→富怡CADV8→📁 Drivers→ 📁 SenseLock→🔵 InstWiz3 setup Beijing Senseloc，双击安装 InstWiz3（每台计算机都要安装）。

（11）如果您安装的是网络版或院校版，还需进行如下操作： 📁 Drivers → 📁 HASP_XL → 📁 Drivers → 🖥 HASPUserSetup（每台计算机都要安装）。

（12）如果有超级排料锁（SafeNet），需要安装 Sentinel Protection Installer（安装此驱动时不要插超排锁，且只在用超排的计算机上安装即可）。

三、绘图仪安装

1.绘图仪安装步骤

（1）关闭计算机和绘图仪电源。

（2）使用串口线/并口线/USB线连接绘图仪与计算机主机。

（3）打开计算机。

（4）根据绘图仪的使用手册进行开机和设置操作。

2.注意事项

（1）禁止在计算机或绘图仪工作状态下插拔串口线/并口线/USB线等。

（2）接通电源开关之前，确保绘图仪处于关机状态。

（3）连接电源的插座应接触良好。

四、数字化仪安装

1.数字化仪安装步骤

（1）关闭计算机和数字化仪电源。

（2）把数字化仪的串口线与计算机连接。

（3）打开计算机。

（4）根据数字化仪使用手册，进行开机及相关的设置操作。

2.注意事项

（1）禁止在计算机或数字化仪开机状态下，插拔串口线。

（2）接通电源开关之前，确保数字化仪处于关机状态。

（3）连接电源的插座应接触良好。

第二节　富怡V8服装CAD系统专业术语介绍

富怡V8服装CAD系统专业术语有以下内容：

（1）单击左键：是指按下鼠标的左键，并且在还没有移动鼠标的情况下放开左键。

（2）单击右键：是指按下鼠标的右键，并且在还没有移动鼠标的情况下放开右键。此项操作还表示某一命令的操作结束。

（3）双击左键：是指在同一位置快速按下鼠标左键两次。

（4）【左键拖拉】：是指把鼠标移到点、线图元上后，按下鼠标的左键并且保持按下状态移动鼠标。

（5）【右键拖拉】：是指把鼠标移到点、线图元上后，按下鼠标的右键并且保持按下状态移动鼠标。

（6）左键框选：是指在没有把鼠标移到点、线图元上前，按下鼠标的左键并且保持按下状态移动鼠标。如果距离线比较近，为了避免变成"左键拖拉"，可以在按下鼠标左键前先按下【Ctrl】键。

（7）右键框选：是指在没有把鼠标移到点、线图元上前，按下鼠标的右键并且保持按下状态移动鼠标。如果距离线比较近，为了避免变成"右键拖拉"，可以在按下鼠标右键前先按下【Ctrl】键。

（8）点（按）：是指鼠标指针指向一个想要选择的对象，然后快速按下并释放鼠标左键。

（9）单击：是指在没有特意指明使用右键时单次点选左键。

（10）框选：是指在没有特意指明使用右键时，使用左键框选某些区域。

（11）【F1】~【F12】：是指键盘上方的12个按键。

（12）【Ctrl+Z】：是指先按住【Ctrl】键不松开，再按【Z】键。

（13）【Ctrl+F12】：是指先按住【Ctrl】键不松开，再按【F12】键。

（14）【Esc】键：是指键盘左上角的【Esc】键。

（15）【Delete】键：是指键盘上的【Delete】键。

（16）箭头键：是指键盘右下方的四个方向键（上、下、左、右）。

第三节　开样与放码系统功能介绍

一、系统界面介绍

系统的工作界面就好比是用户的工作室，熟悉了界面也就熟悉了工作环境，自然就能提高工作效率（图2-7）。

1.存盘路径

显示当前打开文件的存盘路径。

2.菜单栏

菜单栏是放置菜单命令的地方，且每个菜单的下拉菜单中同样包含各项命令。单击菜单时，会弹出一个下拉式列表，可用鼠标单击选择其中一项命令，也可以按住【Alt】键点击菜单后相对应的字母，菜单即可被选中。

3.快捷工具栏

快捷工具栏用于放置常用命令的快捷图标，为快速完成设计与放码工作提供了极大的便利。

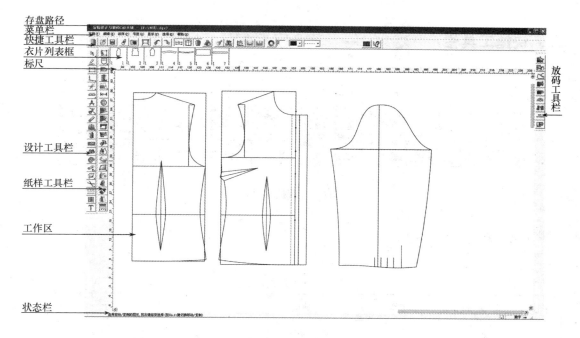

图2-7 富怡CAD设计与放码系统界面

4.衣片列表框

衣片列表框用于放置当前款式中的纸样。每一个纸样放置在一个小格的纸样框中，纸样框布局可通过【选项】→【系统设置】→【界面设置】→【纸样列表框布局】改变其位置。衣片列表框中放置了本款式的全部纸样，纸样名称、份数和次序号等信息都在这里显示，拖动纸样可以调整顺序，不同的布料显示不同的背景色。

5.标尺

标尺显示当前使用的度量单位。

6.设计工具栏

设计工具栏用于放置绘制及修改结构线的工具。

7.纸样工具栏

当用剪刀工具 ✂ 剪下纸样后，用该栏工具将其进行细部加工；如加剪口、加钻孔、加缝份、加缝迹线、加缩水等。

8.放码工具栏

放码工具栏包含各种放码时所需要的工具。

9.工作区

工作区如一张无限大的纸张，可在此尽情发挥。这里既可以设计结构线，也可以对纸样放码、绘图时还可以显示纸张的边界。

10.状态栏

状态栏位于系统的最底部，它显示当前选中的工具名称及操作提示。

二、快捷工具栏

1.快捷工具栏（图2-8）

图2-8　快捷工具栏

2.工具功能介绍（表2-1）

表2-1　工具功能介绍

序号	图标	名称	快捷键	功　能
1		新建	N 或 Ctrl+N	新建一个空白文档
2		打开	Ctrl+O	用于打开储存的文件
3		保存	S 或 Ctrl+S	用于储存文件
4		读纸样		借助数化板、鼠标，可以将手工做的基码纸样或放好码的网状纸样输入到计算机中
5		数码输入		打开使用数码相机拍摄的纸样图片文件或扫描图片文件，比数字化仪读取纸样效率高
6		绘图		按比例绘制纸样或结构图
7		撤销	Ctrl+Z	用于按顺序取消做过的操作指令，每按一次可以撤销一步操作
8		重新执行	Ctrl+Y	把撤销的操作再恢复，每按一次就可以复原一步操作，可以执行多次
9		显示/隐藏变量标注		同时显示或隐藏所有的变量标注
10		显示/隐藏结构线		选中该图标，为显示结构线，否则为隐藏结构线
11		显示/隐藏纸样		选中该图标，为显示纸样，否则为隐藏纸样
12		仅显示一个纸样		选中该图标时，工作区只有一个纸样并且以全屏方式显示，即纸样被锁定；没选中该图标，则工作区域可以同时显示多个纸样 纸样被锁定后，只能对该纸样进行操作，这样既可以排除干扰，也可以防止对其他纸样的误操作
13		将工作区的纸样收起		将选中纸样从工作区收起
14		按布料种类分类显示纸样		按照布料名称把纸样窗口的纸样放置在工作区中
15		点放码表		对单个点或多个点放码时使用的功能表
16		定型放码		用该工具可以让其他码的曲线弯曲程度与基码的一致

续表

序号	图标	名称	快捷键	功　能
17		等幅高放码		两个放码点之间的曲线按照等高的方式放码
18		颜色设置		用于设置纸样列表框、工作视窗和纸样号型的颜色
19		等分数		用于等分线段
20		线颜色		用于设定或改变结构线的颜色
21		线类型		用于设定或改变结构线类型
22		曲线显示形状		用于改变线的形状
23		辅助线的输出类型		设置纸样辅助线输出的类型
24		播放演示		播放工具操作的录像
25		帮助		工具使用帮助的快捷方式

三、设计工具栏

1. 设计工具栏（图2-9）

图2-9　设计工具栏

2. 工具功能介绍（表2-2）

表2-2　工具功能介绍

序号	图标	名称	快捷键	功　能
1		调整工具	A	用于调整曲线的形状，修改曲线上控制点的个数，曲线点与转折点的转换，以及改变钻孔、扣眼、省、褶的属性等
2		合并调整	N	将线段移动旋转后调整，常用于前后袖窿、底边、省道、前后领口及肩点拼接处等位置的调整。适用于纸样、结构线
3		对称调整	M	将纸样或结构线对称后调整，常用于领线的操作
4		省褶合起调整		把纸样上的省、褶合并起来调整，且只适用于纸样
5		曲线定长调整		在曲线长度保持不变的情况下，调整其形状。对结构线、纸样均可操作
6		线调整		光标为 $+_\downarrow$ 时可检查或调整两点间曲线的长度、两点间的曲直程度，也可以对端点进行偏移调整；光标为 $+^*$ 时可自由调整一条线的一个端点到目标位置上。同时适用于纸样、结构线的调整

续表

序号	图标	名称	快捷键	功 能
7		智能笔	F	用于画线、作矩形、调整、调整线的长度、连角、加省山、删除、单向靠边、双向靠边、移动（复制）点线、转省、剪断（连接）线、收省、不相交等距线、相交等距线、圆规、三角板、偏移点（线）、水平垂直线、偏移等多种功能
8		矩形	S	用于做矩形结构线、纸样内的矩形辅助线
9		圆角		在不平行的两条线上，作等距或不等距圆角。用于制作西服前幅底边，圆角口袋。同时适用于纸样、结构线的调整
10		CR圆弧		画圆弧、画圆。适用于画结构线、纸样辅助线
11		椭圆		在草图或纸样上画椭圆
12		三点圆弧		过三点可画一段圆弧线或画三点圆。适用于绘制结构线、纸样辅助线
13		角度线		作任意角度线，过上（线外）一点作垂线、切线（平行线）。结构线、纸样上均可操作
14		点到圆或两圆之间的切线		作点到圆或两圆之间的切线。可在结构线上或纸样的辅助线上操作
15		等分规	D	在线上加等分点、在线上加反向等距点。在结构线上或纸样上均可操作
16		点	P	在线上定位加点或空白处加点。同时适用于纸样和结构线的加点操作
17		圆规	C	单圆规：作从关键点到一条线上的定长直线。常用于绘制肩斜线、夹直、裤子后腰、袖山斜线等。双圆规：通过指定两点作出两条指定长度的线。常用于画袖山斜线、西装驳头等。纸样、结构线上均可操作
18		剪断线	Shift+C	用于将一条线段从指定位置断开，变成两条线段，或把多段线连接成一条线段。可以在结构线和纸样辅助线上操作
19		关联/不关联		端点相交的线段在使用调整工具时，相关联的两端点会一起调整；执行过不关联的两端点不会一起调整。在结构线、纸样辅助线上均可操作。端点相交的线默认为关联
20		橡皮擦	E	可用于删除结构图上点、线，纸样上的辅助线、剪口、钻孔、省褶等具体操作
21		收省		在结构线上插入省道。只适用于结构线上操作
22		加省山		给省道上加省山。适用于结构线上操作
23		插入省褶		在选中的线段上插入省褶，纸样、结构线上均可操作。常用于制作泡泡袖，立体口袋等服装部位
24		转省		用于结构线上的省道转移。有同心转省、不同心转省、全部转移、部分转移、等分转省以及转省后的新省道可在原位置也可以不在原位置。适用于在结构线上的转省
25		褶展开		用褶将结构线展开，同时加入褶的标识及褶底的修正量。仅适用于在结构线上操作

续表

序号	图标	名称	快捷键	功　　能
26		分割/展开/去除余量		对结构线进行修改，可对一组线展开或去除余量。常用于对领、荷叶边、大摆裙等服装部位的处理。在纸样、结构线上均可操作
27		荷叶边		作螺旋荷叶边。仅针对于结构线操作
28		比较长度	R	用于测量一段线的长度或多段线相加所得的总长，以及比较多段线的差值，或是测量剪口到点之间的长度。在纸样、结构线上均可操作
29		量角器		测量一条线的水平夹角、垂直夹角；测量两条线的夹角；测量三点形成的角；测量两点形成的水平角、垂直角。在纸样、结构线上均能操作
30		旋转	Ctrl+B	用于旋转复制或旋转一组点或线。适用于结构线与纸样辅助线
31		对称	K	根据对称轴对称复制（对称移动）结构线或纸样
32		移动	G	用于复制或移动一组点、线、扣眼、扣位等
33		对接	J	用于把一组线向另一组线上对接
34		剪刀	W	用于从结构线或辅助线上拾取纸样
35		拾取内轮廓		在纸样内挖空心图。可以在结构线上拾取，也可以将纸样内的辅助线形成的区域挖空
36		设置线的颜色线型		用于修改结构线的颜色、线类型或是纸样辅助线的线类型与输出类型
37		加入/调整工艺图片		与【文档】菜单的【保存到图库】命令相配合制作工艺图片，调出并调整工艺图片；可复制位图应用于办公软件中
38		加文字		用于在结构图上或纸样上添加、移动、修改、删除文字，且各个码上的文字可以不一样

四、纸样工具栏

1. 纸样工具栏（图2-10）

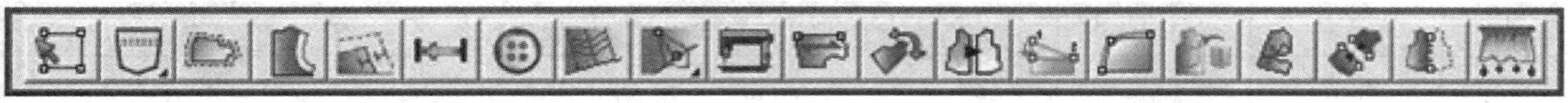

图2-10　纸样工具栏

2. 工具功能介绍（表2-3）

表2-3　工具功能介绍

序号	图标	名称	功　　能
1		选择纸样控制点	用于选中纸样以及纸样上的边线点，或选中、修改辅助线上的点的属性

序号	图标	名称	功 能
2		缝迹线	在纸样边线上添加缝迹线、修改缝迹线
3		绗缝线	在纸样上添加绗缝线、修改绗缝线
4		加缝份	用于纸样的缝份添加或缝份量及切角的修改
5		做衬	用于在纸样上做朴样、贴样
6		剪口	用于在纸样边线、拐角处以及辅助线指向边线的位置添加剪口，调整剪口的方向，对剪口放码，修改剪口的定位尺寸及属性
7		袖对刀	在袖窿与袖山上同时打剪口，前袖窿、前袖山打单剪口，后袖窿、后袖山打双剪口
8		眼位	在纸样上添加、修改眼位。在放码的纸样上，各码眼位的数量可以相等也可以不相等，也可加组扣眼
9		钻孔	在纸样上加钻孔（扣位），修改钻孔（扣位）的属性及个数。在放码的纸样上，各码钻孔的数量可以相等也可以不相等。可根据实际需要增加钻孔组
10		褶	在纸样边线上增加或修改刀褶、工字褶，也可以把在结构线上加的褶变成褶图元。做通褶时在原纸样上会把褶量加进去，纸样大小会发生变化，如果加的是半褶，只是加了褶符号，纸样大小不改变
11		V形省	在纸样边线上增加或修改V形省，也可以把在结构线上加的省变成省图元
12		锥形省	在纸样上加锥形省或菱形省
13		比拼行走	一个纸样的边线在另一个纸样的边线上行走时，可调整内部线对接是否圆顺，也可以添加剪口
14		布纹线	用于调整布纹线的方向、位置、长度以及布纹线上的文字信息
15		旋转衣片	用于旋转纸样
16		水平/垂直翻转	用于翻转纸样
17		水平/垂直校正	将一段线校正成水平或垂直状态，常用于校正读图纸样
18		重新顺滑曲线	用于调整曲线并且将关键点的位置保留在原位置，常用于处理读图纸样
19		曲线替换	用于结构线上的线与纸样边线间的互换，也可以把纸样上的辅助线变成边线（原边线也可转换辅助线）
20		纸样变闭合辅助线	将一个纸样变为另一个纸样的闭合辅助线
21		分割纸样	将纸样沿辅助线剪开
22		合并纸样	将两个纸样合并成一个纸样。有两种合并方式：以合并线两端点的连线合并；以曲线合并
23		纸样对称	有关联对称纸样与不关联对称纸样两种功能。关联对称后的纸样，在其中一半纸样修改时，另一半也联动修改；不关联对称后的纸样，在其中一半的纸样上改动，另一半不会随之改动
24		缩水	根据面料对纸样进行整体缩水处理。针对选中线可进行局部缩水

五、放码工具栏

1.放码工具栏（图2-11）

图2-11 放码工具栏

2.放码工具功能介绍（表2-4）

表2-4 放码工具功能介绍

序号	图标	名称	功 能
1		平行交点	用于纸样边线的放码，使用该工具后，与其相交的两边分别平行。常用于西服领口的放码
2		辅助线平行放码	针对纸样内部线放码，使用该工具后，内部线各码间会平行且与边线相交
3		辅助线放码	将相交在纸样边线上的辅助线端点按照到边线指定点的长度来放码
4		肩斜线放码	使各码不平行，肩斜线平行
5		各码对齐	将各码放码量按点或剪口（扣位、眼位）线对齐或恢复原状
6		圆弧放码	可针对圆弧的角度、半径、弧长来放码
7		拷贝点放码量	拷贝放码点、剪口点、交叉点的放码量到其他的放码点上
8		点随线段放码	根据两点的放码比例对指定点放码。可以用于宠物服装的放码操作
9		设定/取消辅助线随边线放码	用于辅助线随边线放码或辅助线不随边线放码
10		平行放码	对纸样边线、纸样辅助线平行放码。常用于文胸放码

六、隐藏工具

1.隐藏工具工具栏（图2-12）

图2-12 隐藏工具工具栏

2.隐藏工具功能介绍（表2-5）

表 2-5 隐藏工具功能介绍

序号	图标	名称	快捷键	功 能
1		平行调整		平行调整一段线或多段线
2		比例调整		按比例调整一段线或多段线。按【Shift】键切换
3		线		绘制自由的曲线或直线
4		连角	V	用于将线段延长至相交并删除交点外非选中的部分
5		水平垂直线		在关键的两点（包括两线交点或线的端点）上连一个直角线
6		等距线	Q	用于绘制一条线的等距线
7		相交等距线	B	用于绘制与两边相交的等距线，可同时绘制多条
8		靠边	T	分为单向靠边与双向靠边两种情况。单向靠边，同时将多条线段靠在一条目标线上；双向靠边，将多条线段的两端同时靠在两条目标线上
9		放大	空格键	用于放大或全屏显示工作区域中的对象
10		移动纸样	空格键	将纸样从一个位置移至另一个位置，或将两个纸样按照一点对应重合
11		三角板		用于作任意直线的垂直或平行线（延长线）
12		对剪口		用于两组线间打剪口，并可加入容位
13		交接／调校 X、Y❶值		既可以让辅助线基码沿线靠边，又可以让辅助线端点在 X 方向（或 Y 方向）的放码量保持不变，且在 Y 方向（或 X 方向）上靠边放码
14		平行移动		沿线平行调整纸样
15		不平行调整		在纸样上增加一条不平行线，或者不平行调整边线或辅助线
16		圆弧展开		在结构线或纸样上或在空白处做圆弧展开
17		圆弧切角		作已知圆弧半径，并同时与两条不平行线相切的弧
18		对应线长／调校 X、Y 值		用多个放好码的线段之和来对单个点放码，例如用前后幅放好的腰线来放腰头
19		整体放大／缩小纸样		把整个纸样平行放大或缩小
20	1:10	比例尺		将结构线或纸样按比例放大或缩小到指定尺寸
21	TIUVU	修改剪口类型		修改单个或多个剪口类型

❶X、Y为变量，应该用斜体表示，为了与软件中保持一致，本书采用正体。——编者注。

续表

序号	图标	名称	快捷键	功　能
22		等角放码		调整角的放码量使各码的角度相等。可用于调整后浪及领角
23		等角度 （调校X、Y值）		调整角一边的放码点使各码角度相等
24		等角度边线延长		延长角度一边的线长，使各码角度相同
25		档差标注		给放码纸样加档差标注
26		激光模板		用来设置镂空线的宽度。常用来制作激光模板

七、文档菜单

1.文档菜单栏（图2-13）

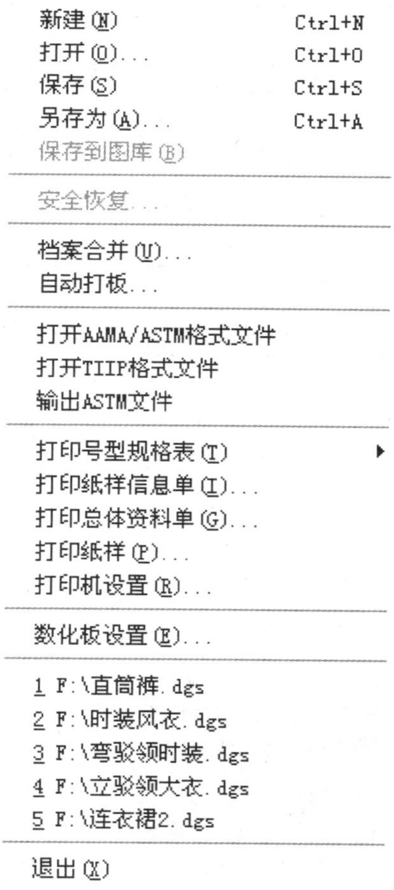

新建 (N)	Ctrl+N
打开 (O)...	Ctrl+O
保存 (S)	Ctrl+S
另存为 (A)...	Ctrl+A
保存到图库 (B)	

安全恢复…

档案合并 (U)...
自动打板...

打开AAMA/ASTM格式文件
打开TIIP格式文件
输出ASTM文件

打印号型规格表 (T)　　　　▶
打印纸样信息单 (I)...
打印总体资料单 (G)...
打印纸样 (P)...
打印机设置 (R)...

数化板设置 (E)...

1 F:\直筒裤.dgs
2 F:\时装风衣.dgs
3 F:\弯驳领时装.dgs
4 F:\立驳领大衣.dgs
5 F:\连衣裙2.dgs

退出 (X)

图2-13　文档菜单栏

2.文档菜单工具功能介绍（表2-6）

表2-6　文档菜单工具功能介绍

序号	名称	快捷键	功　　能
1	另存为	A 或 Ctrl+A	该命令是用于给当前文件做一个备份
2	保存到图库		与  █ 【加入/调整工艺图片】工具配合制作工艺图库
3	安全恢复		用该命令可找回因断电没有来得及保存的文件
4	档案合并		把文件名不同的档案合并在一起
5	自动打板		调入公式法打板文件，可以在尺寸规格表中修改需要的尺寸
6	打开 AAMA/ASTM 格式文件		可打开 AAMA/ASTM 格式文件，该格式是国际通用格式
7	打开 TIIP 格式文件		用于打开日本的 *.dxf 纸样文件，TIIP 是日本文件格式（不常用）
8	打开 AutoCAD/DXF 文件		用于打开 AutoCAD 输出的 DXF 文件
9	输出 ASTM 文件		把本软件文件转换成 ASTM 格式文件
10	打印号型规格表		该命令用于打印号型规格表
11	打印纸样信息单		用于打印纸样的详细资料，如纸样的名称、说明、面料、数量等
12	打印总体资料单		用于打印所有纸样的信息资料，并集中显示在一起
13	打印纸样		用于在打印机上打印纸样或草图
14	打印机设置		用于设置打印机型号、纸张大小及方向
15	数化板设置	E	设置数化板指令信息
16	最近使用过的 5 个文件		可快速打开最近使用过的 5 个文件
17	退出		该命令用于结束本系统的运行

八、编辑菜单

1.编辑菜单栏（图2-14）

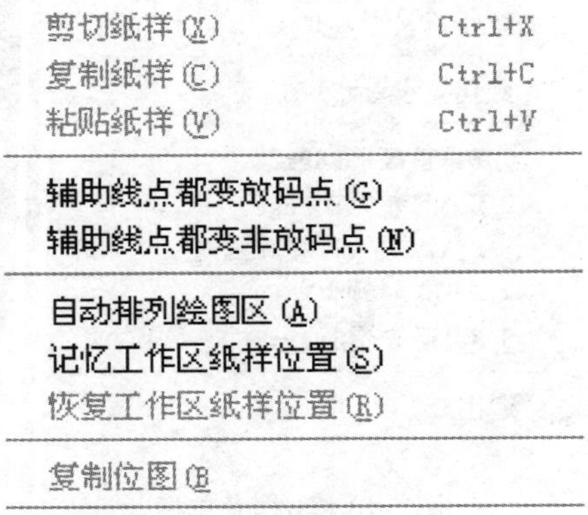

剪切纸样(X)　　　　　Ctrl+X
复制纸样(C)　　　　　Ctrl+C
粘贴纸样(V)　　　　　Ctrl+V

辅助线点都变放码点(G)
辅助线点都变非放码点(N)

自动排列绘图区(A)
记忆工作区纸样位置(S)
恢复工作区纸样位置(R)

复制位图(B)

图2-14　编辑菜单栏

2.编辑菜单工具功能介绍（表2-7）

表2-7 编辑菜单工具功能介绍

序号	名称	快捷键	功 能
1	剪切纸样	Ctrl+X	该命令与粘贴纸样配合使用，把选中纸样剪切至剪贴板上
2	复制纸样	Ctrl+C	该命令与粘贴纸样配合使用，把选中纸样复制到剪贴板上
3	粘贴纸样	Ctrl+V	该命令与复制纸样配合使用，把复制在剪贴板的纸样粘贴在目前打开的文件中
4	辅助线点都变放码点	G	将纸样中的辅助线点转换成放码点
5	辅助线点都变非放码点	N	将纸样内的辅助线点转换为非放码点。操作与辅助线都变放码点相同
6	自动排列绘图区		把工作区的纸样按照绘图纸张的宽度排列，省去手动排列的麻烦
7	记忆工作区中纸样位置		再次应用
8	恢复上次记忆的位置		对已经执行【记忆工作区中纸样位置】的文件，再次打开该文件时，用该命令可以恢复上次纸样在工作区中的摆放位置
9	复制位图		该命令与 ▓【加入/调整工艺图片】工具配合使用，将选择的结构图以图片的形式复制在剪贴板上

九、纸样菜单

1.纸样菜单栏（图2-15）

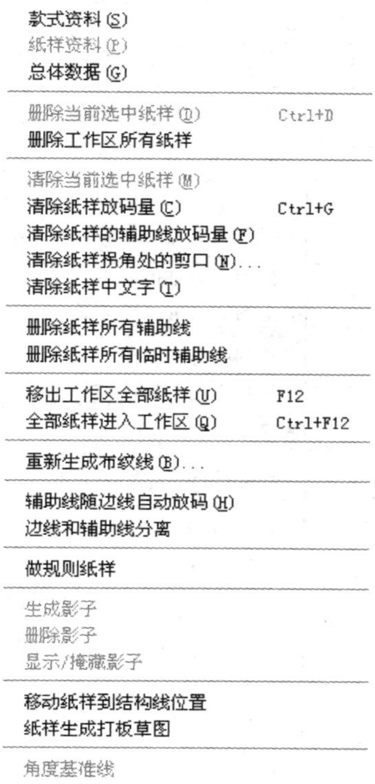

款式资料(S)
纸样资料(P)
总体数据(G)

删除当前选中纸样(D)　　　　Ctrl+D
删除工作区所有纸样

清除当前选中纸样(M)
清除纸样放码量(C)　　　　　Ctrl+G
清除纸样的辅助线放码量(F)
清除纸样拐角处的剪口(N)...
清除纸样中文字(T)

删除纸样所有辅助线
删除纸样所有临时辅助线

移出工作区全部纸样(U)　　　F12
全部纸样进入工作区(Q)　　　Ctrl+F12

重新生成布纹线(R)...

辅助线随边线自动放码(H)
边线和辅助线分离

做规则纸样

生成影子
删除影子
显示/掩藏影子

移动纸样到结构线位置
纸样生成打板草图

角度基准线

图2-15 纸样菜单栏

2.纸样菜单工具功能介绍（表2-8）

表2-8　纸样菜单工具功能介绍

序号	名称	快捷键	功　　能
1	款式资料	S	用于输入同一文件中所有纸样的共同信息。在款式资料中输入的信息可以在布纹线上下显示，并可传送到排料系统中随纸样一起输出
2	纸样资料	P	编辑当前选中纸样的详细信息。快捷方式：在衣片列表框上双击纸样
3	总体数据		查看文件中不同布料总面积或周长以及单个纸样的面积、周长
4	删除当前选中纸样	D 或 Ctrl+D	将工作区中的选中纸样从衣片列表框中删除
5	删除工作区中所有纸样		将工作区中的全部纸样从衣片列表框中删除
6	清除当前选中纸样	M	清除当前选中纸样的修改操作，并把纸样放回到衣片列表框中。用于多次修改后再恢复到修改前的情况
7	清除纸样放码量	C 或 Ctrl+G	用于清除纸样的放码量
8	清除纸样的辅助线放码量	F	用于删除纸样辅助线的放码量
9	清除纸样拐角处的剪口		用于删除纸样拐角处的剪口
10	清除纸样中文字	T	清除纸样中用 T 工具写上的文字。（注意：不包括布纹线上下的信息文字）
11	删除纸样所有辅助线		用于删除纸样的辅助线
12	删除纸样所有临时辅助线		用于删除纸样的临时辅助线
13	移出工作区全部纸样	U 或 F12	将工作区全部纸样移出工作区
14	全部纸样进入工作区	Q 或 Ctrl+F12	将纸样列表框的全部纸样放入工作区
15	重新生成布纹线	B	恢复编辑过的布纹线至原始状态
16	辅助线随边线自动放码		将与边线相接的辅助线随边线自动放码
17	边线和辅助线分离		使边线与辅助线不关联。使用该功能后，选中边线点入码时，辅助线上的放码量保持不变
18	做规则纸样		作圆或矩形纸样
19	生成影子		将选中纸样上所有点线生成影子，方便在改板后可以看到改板前的影子
20	删除影子		删除纸样上的影子
21	显示 / 掩藏影子		用于显示或掩藏影子
22	移动纸样到结构线位置		将移动过的纸样再移到结构线的位置
23	纸样生成打板草图		将纸样生成新的打板草图
24	角度基准线		在纸样上定位。如在纸样上定袋位，腰位

十、号型菜单

1.号型菜单栏（图2-16）

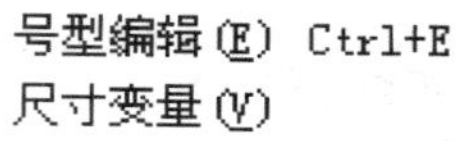

号型编辑(E) Ctrl+E
尺寸变量(V)

图2-16　号型菜单栏

2.号型菜单工具功能介绍（表2-9）

表2-9　号型菜单工具功能介绍

序号	名称	快捷键	功　　能
1	号型编辑	E 或 Ctrl+E	编辑号型尺码及颜色，以便放码。可以输入服装的规格尺寸，方便打板、自动放码时采用数据，同时也就备份了详细的尺寸资料
2	尺寸变量		该对话框用于存放线段测量的记录

十一、显示菜单

显示菜单如图2-17所示。【状态栏】、【款式图】、【标尺】、【衣片列表框】、【快捷工具栏】、【设计工具栏】、【纸样工具栏】、【放码工具栏】、【自定义工具栏】、【显示辅助线】、【显示临时辅助线】勾选则显示对应内容，反之则不显示。

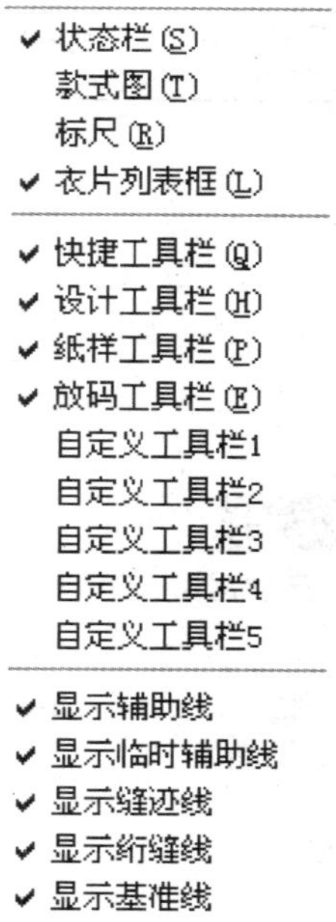

✔ 状态栏(S)
　款式图(T)
　标尺(R)
✔ 衣片列表框(L)

✔ 快捷工具栏(Q)
✔ 设计工具栏(H)
✔ 纸样工具栏(P)
✔ 放码工具栏(F)
　自定义工具栏1
　自定义工具栏2
　自定义工具栏3
　自定义工具栏4
　自定义工具栏5

✔ 显示辅助线
✔ 显示临时辅助线
✔ 显示缝迹线
✔ 显示绗缝线
✔ 显示基准线

图2-17　显示菜单

十二、选项菜单

1.选项菜单栏（图2-18）

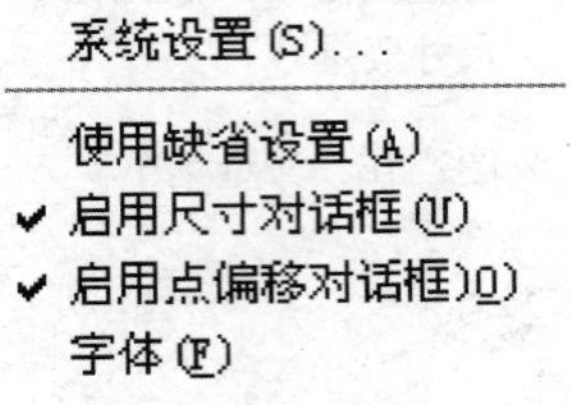

系统设置(S)...

使用缺省设置(A)
✓ 启用尺寸对话框(U)
✓ 启用点偏移对话框(O)
字体(F)

图2-18　选项菜单栏

2.选项菜单工具功能介绍（表2-10）

表2-10　选项菜单工具功能介绍

序号	名称	快捷键	功　　能
1	系统设置	S	系统设置中有多个选项卡，可对系统各项进行设置
2	使用缺省设置	A	采用系统默认的设置
3	启用尺寸对话框	U	该命令前面有√显示，绘制指定长度线或定位、定数调整时可有对话框显示，反之没有
4	启用点偏移对话框	O	该命令前面有√显示，用调整工具左键调整放码点时有对话框，反之没有
5	字体	F	用来设置工具信息提示、T文字、布纹线上的字体、尺寸变量的字体等文字内容的字形和大小，也可以把原来设置过的字体再返回到系统默认的字体形式

十三、帮助菜单

1.帮助菜单栏（图2-19）

帮助(H)

关于富怡DGS(A)...

图2-19　帮助菜单栏

2.关于富怡DGS

用于查看应用程序版本、VID、版权等相关信息。

第四节　排料系统功能介绍

一、排料系统界面介绍

　　排料系统界面简洁且思路清晰明确（图2-20），所设计的排料工具功能强大、使用方便。为用户在竞争激烈的服装市场中提高生产效率，缩短生产周期，增加服装产品的技术含量和高附加值提供了强有力的保障。该系统主要具有以下特点：

　　（1）超级排料、全自动、手动、人机交互，按需选用。

　　（2）键盘操作，排料快速准确。

　　（3）自动计算用料长度、利用率、纸样总数、放置数。

　　（4）提供自动、手动分床。

　　（5）对不同布料的唛架自动分床。

　　（6）对不同布号的唛架自动或手动分床。

　　（7）提供对格、对条功能。

　　（8）可与裁床、绘图仪、切割机、打印机等输出设备接驳，进行小唛架图的打印及1∶1唛架图的裁剪、绘图和切割。

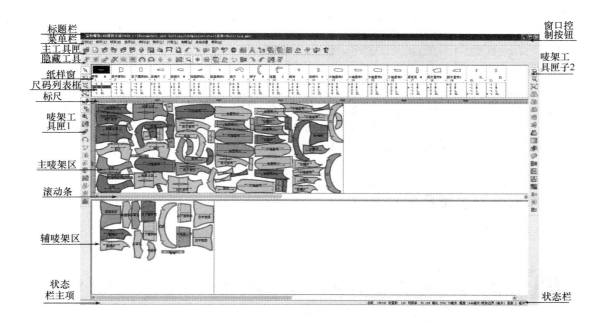

图2-20　排料系统界面介绍

排料界面工具功能的介绍如表2-11所示：

表 2-11　排料界面工具功能介绍

序号	名称	功　能
1	标题栏	位于窗口的顶部，用于显示文件的名称、类型及存盘的路径
2	菜单栏	由9组菜单组成的菜单栏，GMS菜单的使用方法符合Windows标准。单击其中的菜单命令可以执行相应的操作，快捷键为【Alt】加括号后的字母
3	主工具匣	该栏放置着常用的命令，为快速完成排料工作提供了极大的方便
4	隐藏工具	
5	超排工具	
6	纸样窗	纸样窗中放置着排料文件所需要使用的所有纸样，每一个单独的纸样放置在一小格的纸样框中。纸样框的大小可以通过拉动左右边界来调节其宽度，也可通过在纸样框上单击鼠标右键，在弹出的对话框内改变数值来调整其宽度和高度
7	尺码列表框	每一个小纸样框对应着一个尺码表，尺码表中存放着该纸样对应的所有尺码号型及每个号型对应的纸样数
8	标尺	显示当前唛架使用的单位
9	唛架工具匣1	
10	主唛架区	主唛架区可按自己的需要任意排列纸样，以取得最省布的排料方式
11	滚动条	包括水平和垂直滚动条，拖动滚动条可浏览主辅唛架的整个页面、纸样窗纸样和纸样各码数
12	辅唛架区	将纸样按码数分开排列在辅唛架上，方便主唛架排料
13	状态栏主项	状态栏主项位于系统界面的底部左边，如果把鼠标移至工具图标上，状态栏主项会显示该工具名称；如果把鼠标移至主唛架纸样上，状态栏主项会显示该纸样的宽、高、款式名、纸样名称、号型、套号及光标所在位置的X坐标、Y坐标。根据个人需要，可在参数设定中设置所需要显示的项目
14	窗口控制按钮	可以控制窗口最大化、最小化显示或关闭
15	布料工具匣	面
16	唛架工具匣2	
17	状态条	状态条位于系统界面的右边最底部，它显示着当前唛架纸样总数、主唛架区纸样总数、唛架利用率，以及当前唛架的幅长、幅宽、唛架层数、长度单位等

二、排料界面主工具匣

1.主工具匣（图2-21）

图2-21　主工具匣

2.排料工具功能介绍（表2-12）

表 2-12　排料工具功能介绍

序号	图标	名称	快捷键	功　　能
1		打开款式文件	D	【载入】用于选择排料所需的纸样文件（可同时选中多个款式载入）。【查看】用于查看【纸样制单】的所有内容。【删除】用于删除选中的款式文件。【添加纸样】用于添加另一个文件中或本文件中的纸样，并与载入的文件中的纸样一起排料。【信息】用于查看选中文件信息
2		新建	N 或 Ctrl+N	执行该命令，将产生新的唛架文件
3		打开	O 或 Ctrl+O	打开一个已保存好的唛架文档
4		打开前一个文件		在当前打开的唛架文件夹下，按名称排序后，打开当前唛架的上一个文件
5		打开后一个文件		在当前打开的唛架文件夹下，按名称排序后，打开当前唛架的后一个文件
6		打开原文件		在打开的唛架上进行多次修改后，使用该功能能够直接返回到最初状态
7		保存	S 或 Ctrl+S	该命令可将唛架保存在指定的目录下方便以后使用
8		存本床唛架		在排唛时，对于一个文件分别排在几个唛架的情况时，可以用到【存本床唛架】命令
9		打印		该命令可配合打印机来打印唛架图或唛架说明
10		绘图		用该命令可绘制 1：1 唛架。只有直接与计算机串行口、并行口相连的绘图机或在网络上选择带有绘图机的计算机才能绘制文件
11		打印预览		打印预览命令可以模拟显示打印内容以及在打印纸上的实际效果
12		后退	Ctrl+Z	撤销上一步对唛架纸样的操作
13		前进	Ctrl+X	返回使用 后退工具后的上一步操作
14		增加样片		可以增加或减少纸样的数量；可以增加或减少一个码纸样或所有码纸样的数量
15		单位选择		可以用来设定唛架的单位
16		参数设定		该命令包括系统一些命令的默认设置。它由【排料参数】、【纸样参数】、【显示参数】、【绘图打印】及【档案目录】五个选项卡组成
17		颜色设定		该命令为本系统的界面、纸样的各尺码和不同的套数等分别设定颜色
18		定义唛架	Ctrl+M	该命令可设置唛架（布封）的宽度、长度、层数、面料模式及布边
19		字体设定		该命令可为唛架显示字体、打印、绘图等分别指定字体
20		参考唛架		打开一个已经排列好的唛架作为参考

续表

序号	图标	名称	快捷键	功　能
21		纸样窗		用于打开或关闭纸样窗
22		尺码列表框		用于打开或关闭尺码表
23		纸样资料		放置着当前纸样、当前尺码的纸样信息，也可以对其做出修改
24		旋转纸样		可对所选纸样进行任意角度旋转，还可复制其旋转纸样，生成一新纸样并添加到纸样窗内
25		翻转纸样		用于翻转所选中的纸样。若所选纸样尚未排放到唛架上，则可以不复制该纸样，而对其进行直接翻转；若所选纸样已排放到唛架上，则只能对其进行翻转复制生成相应新纸样，并将其添加到纸样窗内
26		分割纸样		将所选纸样按需要进行水平或垂直分割。在排料时，为了节约布料，在不影响款式式样的情况下，可将纸样剪开并分开排放在唛架上
27		删除纸样		删除一个纸样中的一个码或所有码

三、唛架工具匣1

1.唛架工具匣1（图2-22）

图2-22　唛架工具匣1

2.唛架工具匣1工具功能介绍（表2-13）

表2-13　唛架工具匣1工具功能介绍

序号	图标	名称	快捷键	功　能
1		纸样选择		用于选择及移动纸样
2		唛架宽度显示		用左键单击 图标，主唛架就以宽度显示在可视界面
3		显示唛架上全部纸样		主唛架的全部纸样都显示在可视界面
4		显示整张唛架		主唛架的整张唛架都显示在可视界面
5		旋转限定		该命令是限制唛架工具1中 依角旋转工具、 顺时针90度旋转工具及键盘微调旋转的开关命令

续表

序号	图标	名称	快捷键	功　能
6		翻转限定		该命令是用于控制系统是否读取【纸样资料】对话框中的有关是否【允许翻转】的设定，从而限制唛架工具匣1中垂直翻转、水平翻转工具的使用
7		放大显示		该命令可对唛架的指定区域进行放大、对整体唛架缩小以及对唛架的移动
8		清除唛架	Ctrl+C	用该命令可将唛架上所有纸样从唛架上清除，并将它们返回到纸样列表框
9		尺寸测量		该命令可测量唛架上任意两点间的距离
10		旋转唛架纸样		在 旋转限定工具凸起时，使用该工具可对选中纸样设置旋转的度数和方向
11		顺时针90度旋转		【纸样】→【纸样资料】→【纸样属性】，排样限定选项点选的是【四向】或【任意】时，或虽选其他选项，当  旋转限定工具凸起时，可用该工具对唛架上选中纸样进行90度旋转
12		水平翻转		【纸样】→【纸样资料】→【纸样属性】的排样限定选项中是【双向】【四向】或【任意】,并且勾选【允许翻转】时，可用该命令对唛架上选中纸样进行水平翻转
13		垂直翻转		【纸样】→【纸片资料】→【纸样属性】的排样限定选项中的【允许翻转】选项有效时，可用该工具对纸样进行垂直翻转
14		纸样文字		该命令用来为唛架上的纸样添加文字
15		唛架文字		用于在唛架的未排放纸样位置添加文字
16		成组		将两个或两个以上的纸样组成一个整体
17		拆组		是与成组工具对应的工具，起到拆组作用
18		设置选中纸样虚位		在唛架区给选中纸样加虚位

四、唛架工具匣2

1.唛架工具匣2（图2-23）

图2-23　唛架工具匣2

2.唛架工具匣2工具功能介绍（表2-14）

表2-14　唛架工具匣2工具功能介绍

序号	图标	名称	功能
1		显示辅唛架宽度	使辅唛架以最大宽度显示在可视区域
2		显示辅唛架所有纸样	使辅唛架上所有纸样显示在可视区域
3		显示整个辅唛架	使整个辅唛架显示在可视区域
4		展开折叠纸样	将折叠的纸样展开
5		纸样右折、纸样左折、纸样下折、纸样上折	当对圆桶唛架进行排料时，可将上下对称的纸样向上折叠、向下折叠，或将左右对称的纸样向左折叠、向右折叠
6		裁剪次序设定	用于设定自动裁床裁剪纸样时的顺序
7		画矩形	用于画出矩形参考线，并可随排料图一起打印或绘图
8		重叠检查	用于检查纸样与纸样的重叠量，及纸样与唛架边界的重叠量
9		设定层	纸样的部分重叠时，可对重叠部分进行取舍设置
10		制帽排料	对选中纸样的单个号型进行排料，排列方式有正常、倒插、交错、@倒插、@交错
11		主辅唛架等比例显示纸样	将辅唛架上的"纸样"与主唛架"纸样"以相同比例显示出来
12		放置纸样到辅唛架	将纸样列表框中的纸样放置到辅唛架上
13		清除辅唛架纸样	将辅唛架上的纸样清除，并放回纸样窗
14		切割唛架纸样	将唛架上纸样的重叠部分进行切割
15		裁床对格设置	用于裁床上对格设置
16		缩放纸样	放大或缩小整体纸样

五、布料工具匣

1.布料工具匣（图2-24）

图2-24　布料工具匣

2.功能

布料工具匣用于选择不同种类布料进行排料。

六、超排工具匣

1.超排工具匣（图2-25）

图2-25　超排工具匣

2.超排工具匣工具功能介绍（表2-15）

表2-15　超排工具匣工具功能介绍

序号	图标	名称	功　能
1		超级排料	超级排料工具匣中的超级排料命令与排料菜单中的超级排料命令作用相同
2		嵌入纸样	对唛架上重叠的纸样，嵌入其纸样至就近的空隙里面
3		改变唛架纸样间距	设置唛架上纸样的最小间距
4		改变唛架宽度	改变唛架宽度的同时，自动进行排料处理
5		拌动唛架	向左压缩唛架纸样，进一步提高利用率
6		捆绑纸样	对唛架上任意的多片纸样（必须大于1)进行捆绑
7		解除捆绑	对捆绑纸样的一个反操作,使被捆绑纸样不再具有被捆绑属性
8		固定纸样	对唛架上任意的一片或多片纸样进行固定
9		解除固定	对固定纸样的一个反操作,使固定纸样不再具有固定属性
10		查看捆绑记录	查看被捆绑了的纸样
11		查看锁定记录	查看固定纸样

七、排料界面隐藏工具

1.排料界面隐藏工具（图2-26）

图2-26　排料界面隐藏工具

2.隐藏工具功能介绍（表2-16）

表2-16　隐藏工具功能介绍

序号	图标	名称	快捷键	功　　能
1		上、下、左、右四个方向移动工具		对选中样片作上、下、左、右四个方向移动，与数字键8、2、4、6的移动功能相同
2		移除所选纸样（清除选中）	Delete 或双击	从唛架上清除所有选中的纸样，并将它们返回到纸样列表框。此命令区别于删除纸样命令
3		旋转角度四向取整		利用鼠标进行人工旋转纸样的角度控制开关命令
4		开关标尺		开关唛架标尺
5		合并		将两个幅宽一样的唛架合并成一个唛架
6		在线帮助		使用帮助的快捷方式
7		缩小显示		使主唛架上的纸样缩小显示并恢复到前一显示比例
8		辅唛架缩小显示		使辅唛架纸样缩小显示并恢复到前一显示比例
9		逆时针90度旋转		【纸样】→【纸样资料】→【纸样属性】，排样限定选项点选的是【四向】或【任意】时，或虽选其他选项，当旋转限定工具凸起时，可用该工具对唛架上的选中纸样进行90度旋转
10		180度旋转		纸样布纹线是【双向】、【四向】或【任意】时，可用该工具对唛架上的选中纸样进行180度旋转
11		边点旋转		当旋转限定工具凸起时，使用边点旋转工具可使选中纸样以单击点为轴心进行任意角度旋转。纸样进行180度旋转，纸样布纹线为【四向】时进行90度旋转，【任意】时唛架纸样可以任意角度旋转
12		中点旋转		当凸起时，使用中点旋转工具可使选中纸样以中点为轴心进行任意角度旋转。当凹陷时，纸样布纹线为【双向】，使用中点旋转工具可使选中纸样以纸样中点为轴心进行180度旋转；纸样布纹线为【四向】时，可进行90度旋转；纸样布纹线为【任意】时，唛架纸样可作任意角度旋转

八、排料界面菜单栏

1.排料界面菜单栏（图2-27）

文档[F]　纸样[P]　唛架[M]　选项[O]　排料[N]　裁床[C]　计算[L]　制帽[k]　帮助[H]

图2-27　排料界面菜单栏

2.排料界面文档菜单栏（图2-28）

图2-28 排料界面文档菜单栏

3.文档菜单栏工具功能介绍（表2-17）

表2-17 文档菜单栏工具功能介绍

序号	名称	快捷键	功 能
1	打开 HP-GL 文件		用于打开 HP-GL（*.plt）文件，可查看也可以绘图
2	关闭 HP-GL 文件		用于关闭已打开的 HP-GL（*.plt）文件
3	输出 DXF		将唛架以 DXF 的格式保存，以便在其他的 CAD 系统中调出运用，从而达到本系统与其他 CAD 系统的接驳
4	导入 PLT 文件		可以导入富怡（RichPeace）与格柏（Gerber），输出 PLT 文件，并在该软件中进行再次排料
5	单布号分床		将当前打开的唛架，根据码号分为多床的唛架文件并保存
6	多布号分床		用于将当前打开唛架根据布号，以套为单位，分为多床的唛架文件并保存
7	根据布料分离纸样		将唛架文件根据布料类型自动分开纸样

序号	名称	快捷键	功　能
8	算料文件		用于快速、准确的计算出服装订单的用布总量。用于打开已经保存的算料文件。根据不同布料计算某款订单所用不同布种的用布量。用于打开已经保存的多布算料文件
9	另存	Ctrl+A	用于为当前文件做备份
10	取消加密		取消已加密文件的加密程序
11	号型替换		为了提高排料效率，在已排好的唛架上替换号型中的一套或多套
12	关联		当已排好唛架中的纸样又需要修改时，在设计与放码系统中修改保存后，应用关联可对之前已排好的唛架自动更新，不需要重新排料
13	绘图—批量绘图		同时绘制多床唛架
14	绘图页预览		可以选页绘图。绘图仪在绘制较长唛架时，由于某原因没能把唛架完整绘出，此时用"绘图页预览"，只需把未绘的唛架绘出即可
15	输出位图		用于将整张唛架输出为 .bmp 格式文件，并在唛架下面输出一些唛架信息。可用来在没有安装 CAD 软件的计算机上查看唛架
16	设定打印机		用于设置打印机型号、纸张大小、打印方向等
17	打印排料图		设定打印排料图的尺寸大小及页边距
18	打印排料信息		设定打印排料信息
19	最近文件		该命令可快速地打开最近使用过的 5 个文件
20	结束	Alt+F4	该命令用于结束本系统的运行

4.纸样菜单（快捷键【P】，图2-29）

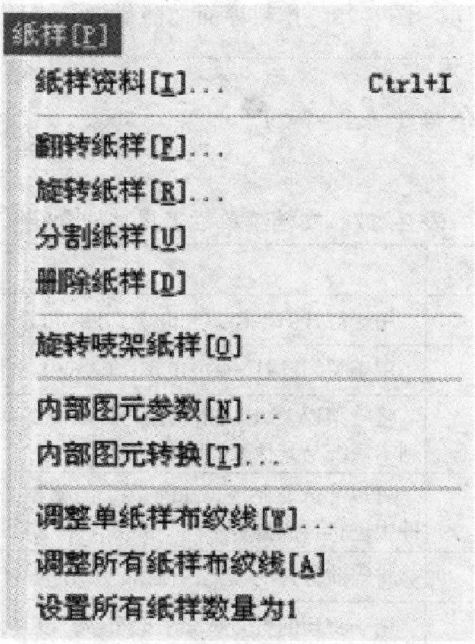

图2-29　纸样菜单

5.纸样菜单工具功能介绍（表2-18）

表2-18　纸样菜单工具功能介绍

序号	名称	功　能
1	内部图元参数	内部图元命令是用来修改或删除所选纸样内部的剪口、钻孔等服装附件的属性。图元即指剪口、钻孔等服装附件。用户可改变这些服装附件的大小、类型等选项的特性
2	内部图元转换	用该命令可改变当前纸样的所有尺码，或全部纸样内部所有附件的属性。它常常用于同时改变唛架上所有纸样中的某一种内部附件的属性，而刚刚讲述的【内部图元参数】命令则只用于改变某一个纸样中的某一个附件的属性
3	调整单纸样布纹线	调整选择纸样的布纹线
4	调整所有纸样布纹线	调整所有纸样的布纹线位置
5	设置所有纸样数量为1	将所有纸样的数量改为1。常用于在排料中排"纸板"

6.唛架菜单（快捷键【M】，图2-30）

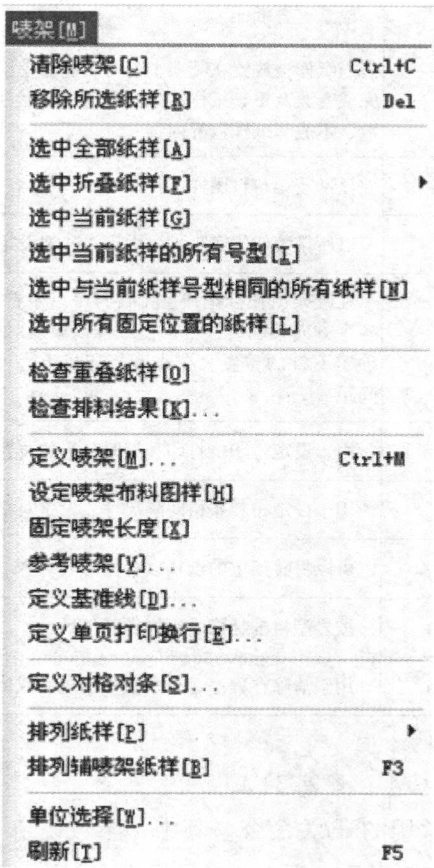

图2-30　唛架菜单

7.唛架菜单工具功能介绍（表2-19）

表 2-19　唛架菜单工具功能介绍

序号	名称	快捷键	功　　能
1	选中全部纸样		用该命令可将唛架区的纸样全部选中
2	选中折叠纸样		将折叠在唛架上端的纸样全部选中。将折叠在唛架下端的纸样全部选中。将折叠在唛架左端的纸样全部选中。将所有折叠纸样全部选中
3	选中当前纸样		将当前选中纸样的号型全部选中
4	选中当前纸样的所有号型		将当前选中号型的全部纸样选中
5	选中与当前纸样号型相同的所有纸样		将当前选中纸样号型相同的全部纸样选中
6	选中所有固定位置的纸样		将所有固定位置的纸样全部选中
7	检查重叠纸样		检查重叠纸样
8	检查排料结果		当纸样被放置在唛架上，可用此命令检查排料结果，包括已完成套数、未完成套数及重叠纸样等内容。通过此命令还可以了解原定单套数、每套纸样数、不成套纸样数等内容
9	设定唛架布料图样		显示唛架布料图样
10	固定唛架长度		以所排唛架的实际长度固定【唛架设定】中的唛架长度
11	定义基准线		在唛架上作标记线，排料时可以做参考，标示排料的对齐线。把纸样向各个方向移动时，可以使纸样以该线对齐，也可以在排好的对条格唛架上确定下针的位置。在小型打印机上，可以打印基准线在唛架上的位置及间距
12	定义单页换行		用于设定打印机打印唛架时分行的位置及上下唛架之间的间距
13	定义条格对条		用于设定布料条格间隔尺寸、设定对格标记及标记对应纸样的位置
14	排列纸样		可以将唛架上的纸样以各种形式对齐
15	排列辅唛架纸样	F3	按号型将辅唛架的纸样重新排列
16	刷新	F5	用于清除在程序运行过程中出现的残留点

8.选项菜单（快捷键【O】，图2-31）

选项菜单包括了一些常用的开/关命令。其中【参数设定】、【旋转限定】、【翻转限定】、【颜色】、【字体】这几个命令在工具匣都有对应的快捷图标。

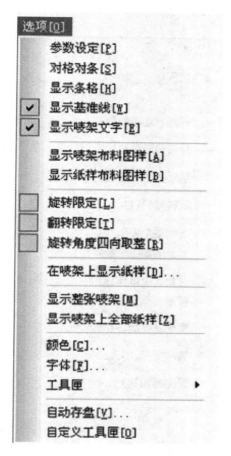

图2-31 选项菜单

9.选项菜单工具功能介绍（表2-20）

表 2-20 选项菜单工具功能介绍

序号	名称	功　　能
1	对格对条	此命令是开关命令，用于条格、印花等图案的布料对位
2	显示条格	单击【选项】菜单，勾选【显示条格】选项则显示条格；反之，则不显示
3	显示基准线	用于在定义基准线后控制其显示与否
4	显示唛架文字	用于在定义唛架文字后控制其显示与否
5	显示唛架布料图样	用于在定义唛架布料图样后控制其显示与否
6	显示纸样布料图样	用于在定义纸样布料图样后控制其显示与否
7	在唛架上显示纸样	决定将纸样上的指定信息显示在屏幕上或随档案输出
8	工具匣	用于控制工具匣的显示与否
9	自动存盘	按设定时间，设定路径、文件名存储文档，以免出现停电等造成丢失文件的意外情况
10	自定义工具匣	添加自定义工具

10.**排料菜单（快捷键【N】，图2-32）**

排料菜单包括与自动排料相关的一些命令。

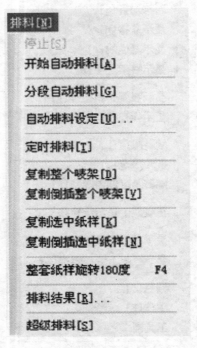

图2-32　排料菜单

11.**排料菜单工具功能介绍（表2-21）**

表2-21　排料菜单工具功能介绍

序号	名称	快捷键	功　　能
1	停止		停止进行自动排料程序
2	开始自动排料		开始进行自动排料指令
3	分段自动排料		用于排列切割机唛架图时，自动按纸张大小分段排料
4	自动排料设定		自动排料设定命令用于设定自动排料程序的【速度】，在自动排料开始之前，根据需要对自动排料速度做出选择
5	定时排料		可以设定排料用时与利用率，系统会在指定时间内自动排出利用率最高的的一床唛架，并将利用率最高的唛架显示出来
6	复制整个唛架		手动排料时，某些纸样已手动排好一部分，而其剩余部分纸样想参照已排部分进行排料时，可用该命令，剩余部分就按照其已排的纸样位置进行排放
7	复制整个倒插唛架		使未放置的纸样参照已排好唛架的排放方式并且旋转180度排放
8	复制选中纸样		使选中纸样的剩余部分，参照已排好纸样排放方式排放
9	复制倒插选中纸样		使选中纸样剩余的部分，参照已排好纸样排放方式旋转180度排放
10	整套纸样旋转180度	F4	使选中纸样的整套纸样做180度旋转
11	排料结果		报告最终的布料利用率、完成套数、层数、尺码、总裁片数和所在的纸样档案
12	排队超级排料		在一个排料界面中排队超排

12.裁床菜单（快捷键【C】，图2-33）

（1）裁剪次序设定：用于设定自动裁剪纸样时的顺序。

（2）自动生成裁剪次序：手动编辑过裁剪顺序，用该命令可重新生成裁剪次序。

13.计算菜单（快捷键【L】，图2-34）

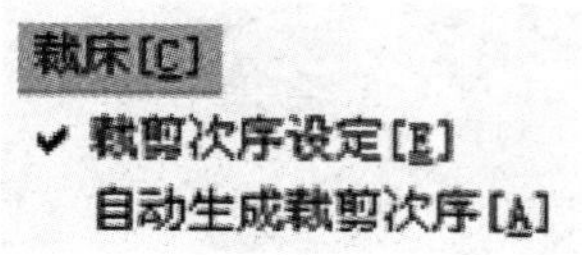

图2-33　裁床菜单

图2-34　计算菜单

14.计算菜单工具功能介绍（表2-22）

表2-22　计算菜单工具功能介绍

序号	名称	功　能
1	计算布料重量	用于计算所用布料的重量
2	利用率和唛架长	根据所需利用率计算唛架长

15.制帽菜单（快捷键【K】，图2-35）

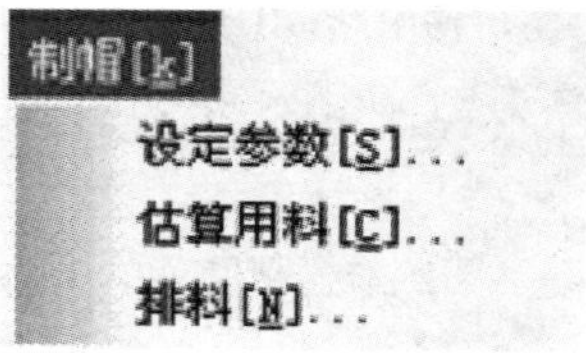

图2-35　制帽菜单

16.制帽菜单工具功能介绍（表2-23）

表2-23　制帽菜单工具功能介绍

序号	名称	功　能
1	设定参数	刀模排板时，用于设定刀模的排刀方式及其数量、布种等
2	估算用料	【制帽】菜单→【估算用料】→【估料】，在对话框内单击【设置】，可设定单位及损耗量。完成后单击【计算】可算出各号型的纸样用布量
3	排料	用刀模裁剪时，对所有纸样进行统一排料

17.系统设置（图2-36）

图2-36　系统设置

18.系统设置工具功能介绍（表2-24）

表 2-24　系统设置工具功能介绍

序号	名称	功　　能
1	语言	切换不同的语言版本。如简体中文版转换为繁体中文版、英文版、泰语、西班牙语、韩语等
2	记住对话框的位置	勾选可记忆上次对话框位置，再次打开对话框在前次关闭时的位置

19.帮助菜单（快捷键【H】，图2-37）

图2-37　帮助菜单

20.帮助菜单工具功能介绍（表2-25）

表 2-25　帮助菜单工具功能介绍

序号	名称	功　　能
1	帮助主题	要帮助的工具名称
2	使用帮助	使用帮助服务
3	关于本系统	用于查看应用程序版本、VID、版权等相关信息

第五节　常用工具操作方法介绍

为了方便读者快速掌握富怡服装CAD制板和推板的操作方法，本节将富怡服装CAD软件开样和放码系统最常用的工具操作方法进行细部讲解。

一、纸样设计常用工具操作方法介绍

1. 智能笔（快捷键【F】）

（1）单击左键（单击左键进入【画线】工具，图2-38）。

①单击空白处、关键点、交点、线上等处，均可进入画线操作。

②光标移至关键点或交点上，按【Enter】键以该点作偏移，进入画线类操作。

③在确定第一个点后，单击右键切换丁字尺（水平/垂直/45度线）、任意直线。用【Shift】键切换折线与曲线。

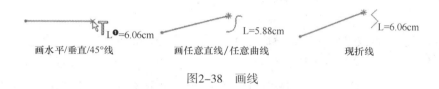

画水平/垂直/45°线　　　　画任意直线/任意曲线　　　　现折线

图2-38　画线

（2）按下【Shift】键，单击左键进入【矩形】工具（常用于从可见点开始画矩形的情况）。

（3）单击右键（图2-39）。

①在线上单击右键进入【调整工具】。

②按下【Shift】键，在线上单击右键则进入【调整线长度】。在线的中间击右键为两端不变，调整曲线长度。如果在线的一端击右键，则在这一端调整线的长度。

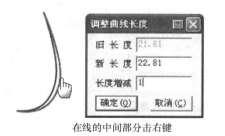
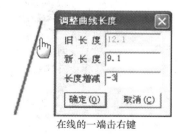

在线的中间部分击右键　　　　　　　　在线的一端击右键

图2-39　调整线段长度

---

❶变量应该用斜白表示，为了与软件中正体一致，本书中表示变量的字母用正体表示。——编者注。

（4）左键框选。

①左键框住两条线后，单击右键为【角连接】功能（图2-40）。

鼠标在所示之处击右键　　　　连角后的两线段

图2-40　角连接线段

②左键框选四条线后，单击右键则为【加省山】功能。说明：在省的哪一侧击右键，省底就向哪一侧倒（图2-41）。

选中四条线后　　　在省的左侧击右键　　　在省的右侧击右键

图2-41　加省山

③左键框选一条或多条线后，再按【Delete】键则删除所选的线。

④左键框选一条或多条线后，再在另外一条线上单击左键，则进入【靠边】功能。在需要线的一边击右键，为【单向靠边】；在另外的两条线上单击左键，为【双向靠边】（图2-42）。

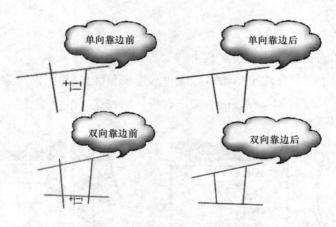

单向靠边前　　　　单向靠边后

双向靠边前　　　　双向靠边后

图2-42　单向靠边与双向靠边

⑤左键在空白处框选，进入【矩形】工具。

⑥按下【Shift】键，如果左键框选一条或多条线后，单击右键为【移动/复制】功能，用【Shift】键切换复制或移动，按住【Ctrl】键，为任意方向移动或复制。

⑦按下【Shift】键，如果左键框选一条或多条线后，单击左键选择线则进入【转省】功能。

（5）右键框选。

①右键框选一条线则进入【剪断线/连接线】功能。

②按下【Shift】键，右键框选框选一条线则进入【收省】功能。

（6）左键拖拉。

①在空白处，用左键拖拉进入【画矩形】功能。

②左键拖拉线进入【不相交等距线】功能（图2-43）。

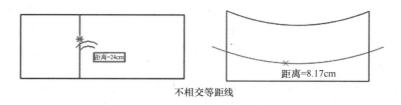

不相交等距线

图2-43　不相交等距线

③在关键点上按下左键，拖动到一条线上放开后进入【单圆规】功能（图2-44）。

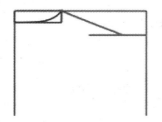 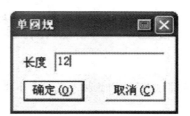

图2-44　单圆规

④在关键点上按下左键拖动到另一个点上放开进入【双圆规】功能（图2-45）。

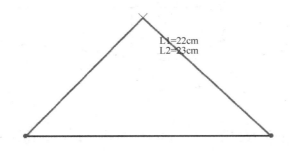 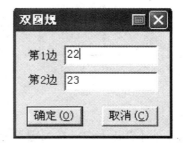

图2-45　双圆规

⑤按下【Shift】键，左键拖拉线则进入【相交等距线】功能，再分别单击相交的两边（图2-46）。

图2-46　相交等距线

⑥按下【Shift】键，左键拖拉选中两点则进入【三角板】功能，再点击另外一点，拖动鼠标，作选中线的平行线或垂直线（图2-47）。

图2-47　三角板功能画平行线或垂直线

（7）右键拖拉。

①在关键点上，右键拖拉进入【水平垂直线】（右键切换方向）（图2-48）。

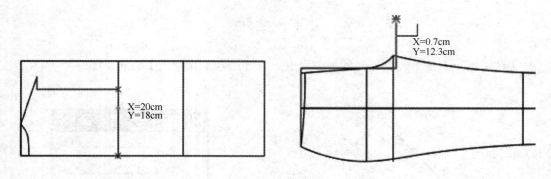

图2-48　水平垂直线

②按下【Shift】键，在关键点上，右键拖拉点进入【偏移点/偏移线】（用右键切换保留点/线）（图2-49）。

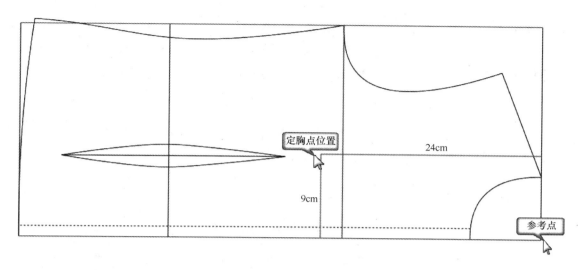

图2-49　偏移点/偏移线

（8）按下【Enter】键，选取【偏移点】。

2. 调整工具（快捷键【A】）

（1）调整单个控制点。

①用该工具在曲线上单击，线被选中。选中线上的控制点，拖动至满意的位置，单击即可。当显示弦高线时，此时按小键盘数字键可改变弦的等分数，移动控制点可调整至弦高线上，光标上的数据为曲线长和调整点的弦高；显示/隐藏弦高：【Ctrl+H】（图2-50）。

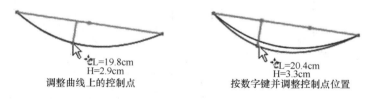

图2-50　调整单个控制点

②定量调整控制点：用该工具选中线后，把光标移在控制点上，按【Enter】键（图2-51）。

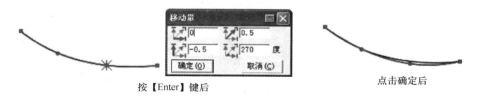

图2-51　定量调整控制点

③在线上增加控制点、删除曲线或折线上的控制点：单击曲线或折线，使其处于选中状态，在没点的位置用左键单击为加点（或按【Insert】键）；或把光标移至曲线点上，按【Insert】键可使控制点可见，在有点的位置单击右键为删除（或按【Delete】键）（图2-52）。

图2-52　删除曲线上的控制点

④在线被选中的状态下，把光标移至控制点上，然后按【Shift】键可在曲线点与转折点之间切换。把光标移在曲线与折线的转折点上，如果点击鼠标右键，曲线与直线的相交处自动顺滑；如果在此转折点上按【Ctrl】键，可拉出一条控制线，可使得曲线与直线的相交处顺滑相切（图2-53）。

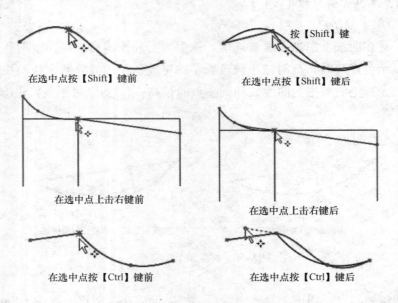

图2-53　曲线点与转折点之间切换

⑤用该工具在曲线上单击，线被选中，敲小键盘的数字键，可更改线上的控制点个数（图2-54）。

图2-54　更改线上的控制点数量

（2）调整多个控制点。

①按比例调整多个控制点。

A. 调整点C时，点A、点B按比例调整，如图2-55（a）所示。

B. 如图2-55（b）所示，如果在调整结构线上调整，先把光标移在线上，拖选AC，光标变为平行拖动。

C. 如图2-55（c）所示，按【Shift】键切换成按比例调整光标 $^+$🖱。单击点C并拖动，弹出【比例调整】对话框（如果目标点是关键点，直接把点C拖至关键点即可；如果需在水平或垂直或在45°方向上调整，则按住【Shift】键即可）。

D. 输入调整量，点击【确定】即可，如图2-55（d）所示。

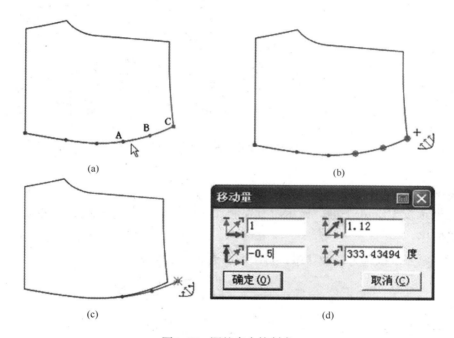

图2-55　调整多个控制点

E. 在纸样上按比例调整时，选中控制点，操作与在结构线上类似（图2-56）。

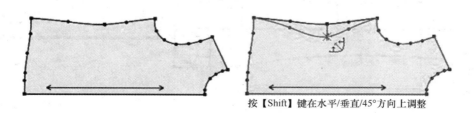

按【Shift】键在水平/垂直/45°方向上调整

图2-56　水平·垂直45°方向调整纸样

②平行调整多个控制点。

拖选需要调整的点，光标变成平行拖动 ＋，单击其中的一点拖动，弹出【平行调整】对话框，输入适当的数值，点击【确定】即可（图2-57）。

注意：平行调整、比例调整的时候，若未勾选【选项】菜单中的【启用点偏移】对话框，【移动量】对话框则不再弹出。

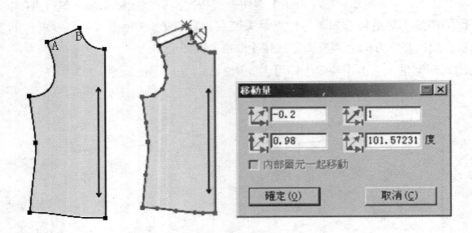

图2-57　平行调整多个控制点

③移动框内所有控制点（图2-58）。

左键框选按【Enter】键，显示所有控制点，在对话框中输入数据，这些框选的控制点都可以偏移。

注意：第一次框选为选中状态，再次框选为非选中状态。

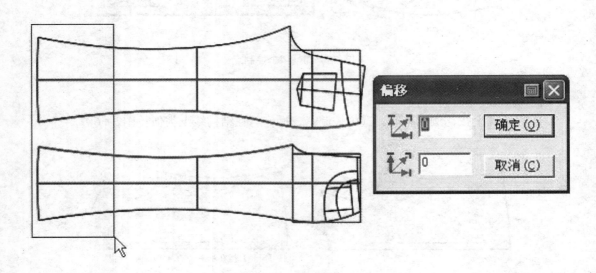

图2-58　移动框内所有控制点

④只移动所有选中线（图2-59）。

右键框选线后，按【Enter】键，输入数据参数，点击【确定】即可。

图2-59　只移动选中所有线

（3）修改钻孔（眼位或省褶）的属性及个数。

用该工具在钻孔（眼位或省褶）上单击左键，可调整钻孔（眼位或省褶）的位置；单击右键，会弹出钻孔（眼位或省褶）的属性对话框，可以修改对话框中的参数。

3. 🏷 **合并调整**（快捷键【N】）

（1）如图2-60（a）所示，用鼠标左键依次点选或框选需要圆顺处理的曲线a、b、c、d，单击右键。

（2）再依次点选或框选与曲线连接的线1线2、线3线4、线5线6，单击右键，弹出对话框。

（3）如图2-60（b）所示，袖窿拼在一起，用左键可调整曲线上的控制点。如果调整公共点，按【Shift】键，则该点在水平垂直方向移动，如图2-60（c）所示。

（4）调整满意后，单击右键（图2-60）。

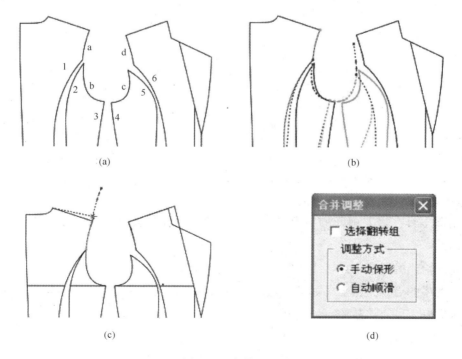

图2-60　合并调整

（5）【选择翻转组】。

前后裆弧线为同边侧缝时，则勾选此选项再选线，线会自动翻转（图2-61）。

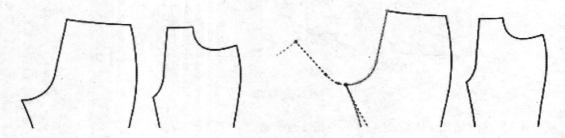

图2-61　选择翻转组

4. ✎ **对称调整（快捷键【M】）**

（1）单击或框选对称轴，也可单击对称轴的起止点。

（2）框选或单击需要对称调整的线，单击右键。

（3）用该工具单击需要调整的线后单击线上的点，拖动到适当位置后单击鼠标右键。

（4）调整所需线段后，单击右键结束此次操作（图2-62）。

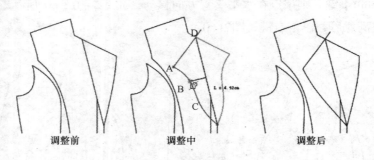

调整前　　　　　　调整中　　　　　　调整后

图2-62　对称调整

5. ✂ **剪断线（快捷键【Shift+C】）**

（1）剪断操作。

①用该工具在需要剪断的线上单击，线变色，再在非关键点上单击，弹出【点的位置】对话框。

②输入恰当的数值，点击【确定】即可。

如果选中的点是关键点（如等分点、两线交点或线上已有的点），直接单击该位置则不弹出对话框，可直接从该点处断开。

（2）连接操作。

用该工具框选或分别单击需要连接的线段，单击右键即可。

6. 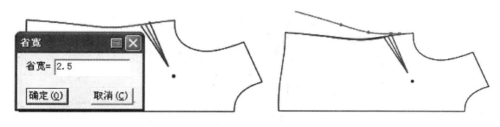 橡皮擦（快捷键【E】）

（1）用该工具直接在点、线上单击即可。

（2）如果要擦除集中在一起的点、线，左键框选即可。

7. 收省（图2-63）

（1）用该工具依次点击收省的边线、省线，弹出【省宽】对话框。

（2）在对话框中，输入省量。

（3）单击【确定】后移动鼠标，在省倒向的一侧单击左键。

（4）用左键调整省底线，最后单击右键完成。

图2-63　收省

8. 转省（图2-64）

（1）框选所有需要转移的线。

（2）单击新省线（如果有多条新省线，可框选）。

（3）单击一条线确定合并省的起始边，或单击关键点作为转省的旋转圆心。

（4）三种方式转省。

①全部转省：单击合并省的另一边（用左键单击另一边，转省后两省长相等；如果用右键单击另一边，则新省尖位置不会改变）。

②部分转省：按住【Ctrl】键，单击合并省的另一边。用左键单击另一边，转省后两省长相等；如果用右键单击另一边，则新省尖位置不会改变。

③等分转省：输入数字为等分转省，再点击合并省的另一边。用左键单击另一边，转省后两省长相等；如果用右键单击另一边，则不修改省尖位置。

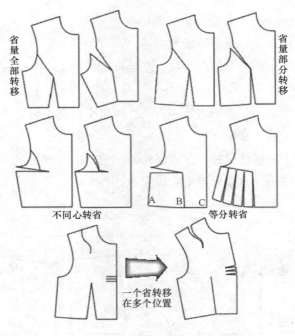

省量全部转移
省量部分转移
不同心转省
等分转省

A B C

一个省转移
在多个位置

图2-64　转省

9. 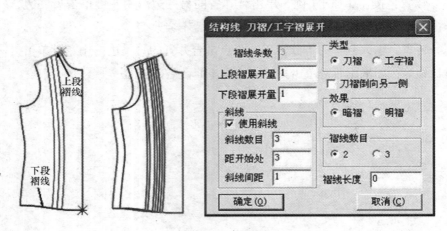 **褶展开**（图2-65）

（1）用该工具单击或框选操作线，按右键结束。

（2）单击上段线，如有多条则框选并按鼠标右键结束。操作时要靠近固定的一侧，系统会有提示。

（3）单击下段线，如有多条则框选并按鼠标右键结束。操作时要靠近固定的一侧，系统会有提示。

（4）单击或框选展开线，单击右键，弹出【刀褶/工字褶展开】对话框。如果不选择展开线，则需要在对话框中输入插入褶的数量。

（5）在弹出的对话框中输入数据，按【确定】键结束。

上段褶线

下段褶线

结构线　刀褶/工字褶展开

褶线条数　3
上段褶展开量　1
下段褶展开量　1
斜线
　☑ 使用斜线
　斜线数目　3
　距开始处　3
　斜线间距　1

类型
　● 刀褶　　○ 工字褶

□ 刀褶倒向另一侧

效果
　● 暗褶　　○ 明褶

褶线数目
　● 2　　　○ 3

褶线长度　0

确定(O)　　取消(C)

图2-65　褶展开

10. 　比较长度（快捷键【R】）

选线的方式有点选（在线上用左键单击）、框选（在线上用左键框选）、拖选（单击线段起点并按住鼠标不放，拖动至另一个点）三种方式。

（1）测量一段线的长度或多段线之和。

①选择该工具，弹出【长度比较】对话框。

②在长度、水平X、垂直Y项目上选择需要的选项。

③选择需要测量的线，长度即可显示在表中。

（2）比较多段线的差值。如比较袖山弧长与前后袖窿的差值，图2-66。

①选择该工具，弹出【长度比较】对话框。

②选择【长度】选项。

③单击或框选袖山曲线后单击右键，再单击或框选前后袖窿弧线，表中【L】为容量。

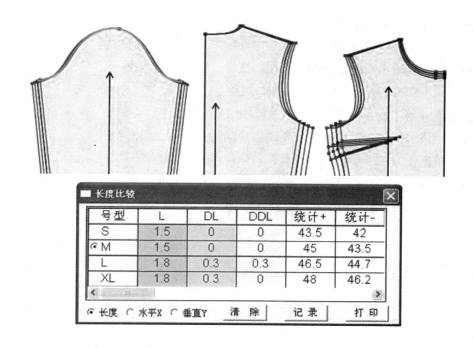

图2-66　比较长度的差值

11. 　旋转（快捷键【Ctrl+B】，图2-67）

（1）单击或框选旋转的点、线，单击右键。

（2）单击一点，以该点为轴心点，再单击任意点为参考点，拖动鼠标旋转到目标位置。

（3）用【Shift】键来切换旋转复制与旋转。

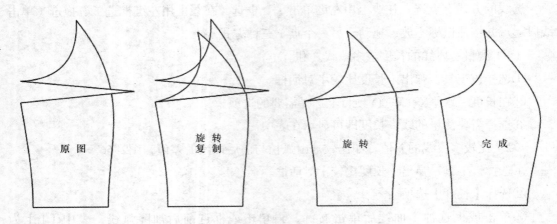

图2-67　旋转

12. 対称（快捷键【K】）

（1）该工具可以线单击两点或在空白处单击两点，作为对称轴。

（2）框选或单击所需复制的点、线、纸样，单击右键完成。

（3）用【Shift】键来切换对称复制与对称。

13. 移动（快捷键【G】）（图2-68）

（1）用该工具框选、点选需要复制或移动的点、线，单击右键。

（2）单击任意一个参考点，拖动到目标位置后单击即可。

（3）选择任意参考点后单击右键，选中的线可在水平方向或垂直方向上镜像。

（4）用【Shift】键来切换移动复制与移动。

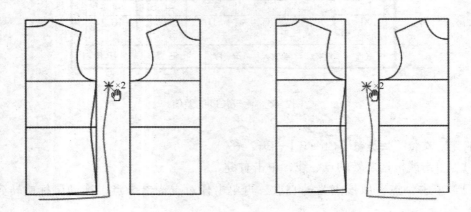

图2-68　移动

14. **对接（快捷键【J】）（图2-69）**

（1）选择该工具，让光标靠近领宽点后单击后衣片肩斜线。

（2）单击前衣片肩斜线，光标靠近领宽点，单击右键。

（3）框选、单击后衣片需要对接的点、线，最后单击右键完成。

（4）用【Shift】键来切换对接复制与对接。

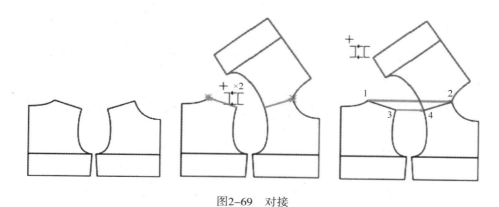

图2-69　对接

15. **剪刀（快捷键【W】）（图2-70）**

（1）用该工具单击或框选围成纸样的线，单击右键，系统按最大区域生成纸样。

（2）按住【Shift】键，用该工具单击形成纸样的区域，则有颜色填充，可连续单击多个区域，最后单击右键完成。

（3）用该工具单击线的某端点，按一个方向单击轮廓线，直至形成闭合的图形。拾取时如果后面的线变成绿色，单击右键则可将后面的线一起选中，完成拾样。

（4）单击线、框选线，或按住【Shift】键单击区域填色，第一次操作为选中，再次操作为取消选中。三种操作方法都是在最后单击右键后形成纸样，工具即可变成衣片辅助线工具。

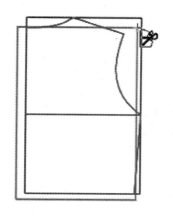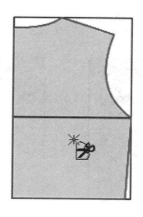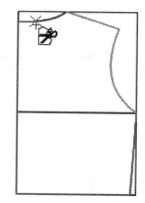

图2-70　剪刀

（5）衣片辅助线。

①选择剪刀工具，击右键光标变成 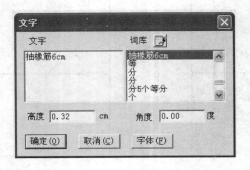。（小图标）

①选择剪刀工具，击右键光标变成 ＋🔪。

②单击纸样，相对应的结构线变成蓝色。

③用该工具单击或框选所需线段，单击右键即可。

④如果希望将边界外的线拾取为辅助线，那么可在直线上点选两个点或在曲线上点选三个点来确定。

16. 设置线的颜色线型

（1）选中【线型设置】工具，快捷工具栏右侧会弹出颜色、线类型、切割画的选择框。

（2）选择合适的颜色、线型等。

（3）设置线型及切割状态，左键单击或框选线。

（4）设置线的颜色，右键单击或框选线。

17. 📝 加文字（图2-71）

（1）加文字。

①用该工具在结构图或纸样上单击，弹出【文字】对话框；输入文字，单击【确定】即可。

②按住鼠标左键拖动文字，根据所画线的方向确定文字的角度。

（2）移动文字。

用该工具在文字上单击，文字被选中，拖动鼠标移至恰当的位置后再次单击即可。

（3）修改或删除文字，有两种操作方式。

①把该工具光标移在需修改的文字上，当文字变亮后单击右键，弹出【文字】对话框，修改或删除后，单击确定即可。

②把该工具移在文字上，字发亮后，按【Enter】键，弹出【文字】对话框。选中需修改的文字，输入正确的信息后即可被修改；按键盘【Delete】键，即可删除文字；按方向键可移动文字位置。

（4）不同号型上加不一样的文字。

①用该工具在纸样上单击，在弹出的【文字】对话框中输入【抽橡筋6cm】。

图2-71　加文字对话框

②单击【各码不同】按钮，在弹出的【各码不同】对话框中，把L码、XL码中的文字串改成【抽橡筋8cm】。

③点击【确定】，返回【文字】对话框，再次确定即可。

二、放码常用工具操作方法介绍

1. 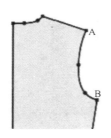 选择纸样控制点

（1）选中纸样：用该工具在纸样上单击即可，如果要同时选中多个纸样，只要框选各纸样的一个放码点即可。

（2）选中纸样边上的点。

①选单个放码点，用该工具在放码点上使用左键单击或左键框选。

②选多个放码点，用该工具在放码点上框选或按住【Ctrl】键在放码点上逐个单击。

③选单个非放码点，用该工具在点上单击左键。

④选多个非放码点，按住【Ctrl】键在非放码点上逐个单击。

⑤按住【Ctrl】键时，第一次在点上单击为选中，再次单击为取消选中。

⑥同时取消选中点，按【Esc】键或用该工具在空白处单击。

⑦选中一个纸样上的相邻点，如下图示选袖窿，用该工具在点A上按下鼠标左键拖至点B再松手（图2-72）。

图2-72 选择纸样控制点

（3）辅助线上的放码点与边线上的放码点相重合。

①用该工具在重合点上单击，选中的为边线点。

②在重合点上框选，边线放码点与辅助线放码点全部选中。

③按住【Shift】键，在重合位置单击或框选，选中的是辅助线放码点。

（4）修改点的属性：在需要修改的点上双击，会弹出【点属性】对话框，修改之后单击采用即可。如果选中的是多个点，按回车即可弹出对话框。

2. 加缝份

（1）纸样所有边加（修改）相同缝份：用该工具在任一纸样的边线点单击，在弹出【衣片缝份】的对话框中输入缝份量，选择适当的选项，点击【确定】即可（图2-73）。

（2）部分边线上加（修改）相同缝份量：用该工具同时框选或单独框选需加相同缝份的线段，单击右键弹出【加缝份】对话框，输入缝份量，选择适当的切角，确定即可（图2-74）。

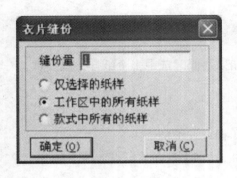

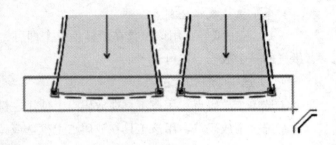

图2-73　【衣片缝份】的对话框　　　　　　　　图2-74　修改相同缝份量

（3）定缝份量，再单击纸样边线修改（加）缝份量：选中【加缝份】工具，敲数字键后按【Enter】键，再用鼠标在纸样边线上单击，缝份量即被更改（图2-75）。

（4）单击边线：用加缝份工具在纸样边线上单击，在弹出的【加缝份】对话框中输入缝份量，点击【确定】即可。

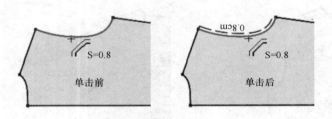

图2-75　定缝份量

（5）选边线点加（修改）缝份量：用加缝份工具在点1上按住鼠标左键拖至点3上松手，在弹出的【加缝份】对话框中输入缝份量，点击【确定】即可（图2-76）。

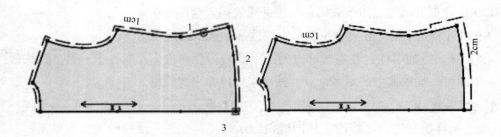

图2-76　选边线点加（修改）缝份量

（6）改单个角的缝份切角：用该工具在需要修改的点上单击右键，会弹出【拐角缝份类型】对话框，选择恰当的切角，点击【确定】即可（图2-77）。

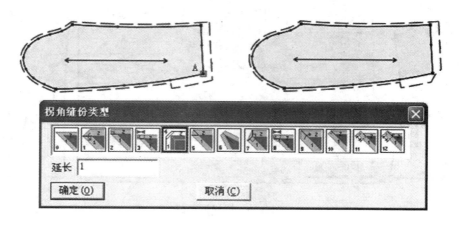

图2-77　改单个角的缝份切角

（7）改两边线等长的切角：选中该工具的状态下按【Shift】键，光标变为 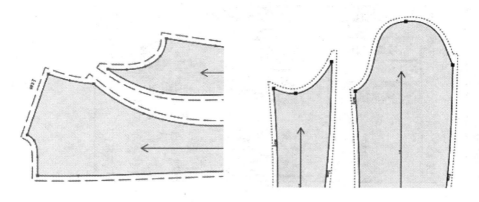 后，单击即可（图2-78）。

图2-78　改两边线等长的切角

3. 　剪口（图2-79）

（1）在控制点上加剪口：用该工具在控制点上单击即可。

（2）在一条线上加剪口：用该工具单击线或框选线，弹出【剪口】对话框，选择适当的选项，输入合适的数值，点击【确定】即可。

（3）在多条线上同时加等距剪口：用该工具在需加剪口的线上框选后再击右键，弹出【剪口】对话框。选择适当的选项，输入合适的数值，点击【确定】即可。

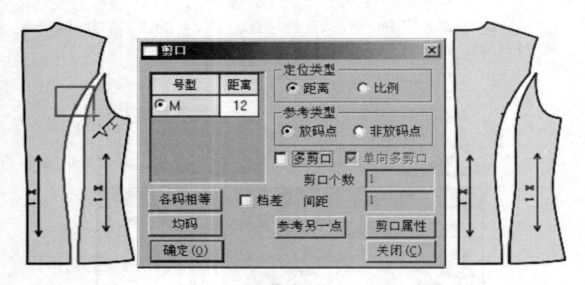

图2-79　纸样加剪口

（4）两点间等分加剪口：用该工具拖选两个点，弹出【比例剪口、等分剪口】对话框，选择等分剪口，输入等分数目，确定即可在选中线段上平均加上剪口（图2-80）。

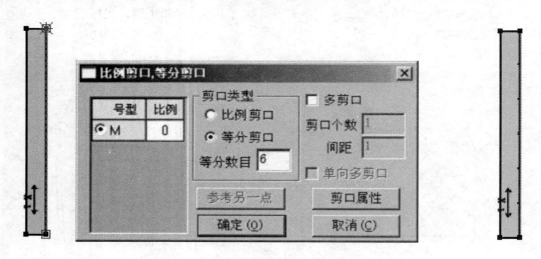

图2-80　比例剪口、等分剪口

（5）拐角剪口。

①用【Shift】键把光标切换为拐角光标 ，单击纸样上的拐角点，在弹出的对话框中输入正常缝份量，确定后在缝份不等于正常缝份量的拐角处都统一加上拐角剪口。

②框选拐角点即可在拐角点处加上拐角剪口，此操作可同时在多个拐角处添加拐角剪口（图2-81）。

③如框选或单击线的中部，在线的两端自动添加剪口（图2-82）；如果框选或单击线的一端，则在线的一端添加剪口（图2-83）。

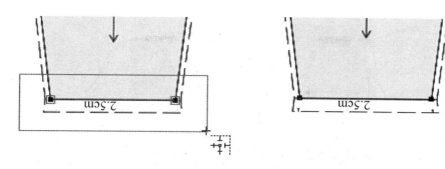

图2-81　拐角剪口

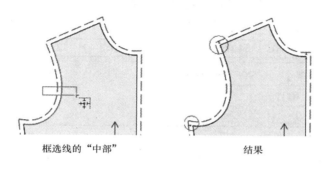

框选线的"中部"　　　　　　　　结果

图2-82　两端自动添加剪口

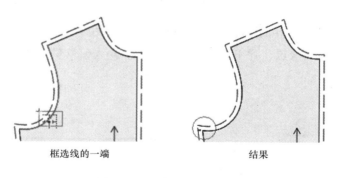

框选线的一端　　　　　　　　　结果

图2-83　一端自动添加剪口

4. 🐰 **袖对刀**（图2-84）

（1）依次选前袖窿线、前袖山线、后袖窿线、后袖山线。

（2）用该工具在靠近A、C的位置依次单击或框选前袖窿线AB、CD，单击右键。

（3）然后在靠近A1、C1的位置依次单击或框选前袖山线A1B1、C1D1，单击右键。

（4）同样在靠近E、G的位置依次单击或框选后袖窿线EF、GH，单击右键。

（5）再在靠近A1、F1的位置依次单击或框选后袖山线A1E1、F1D1，单击右键，弹出【袖对刀】对话框。

（6）输入恰当的数据，单击【确定】即可。

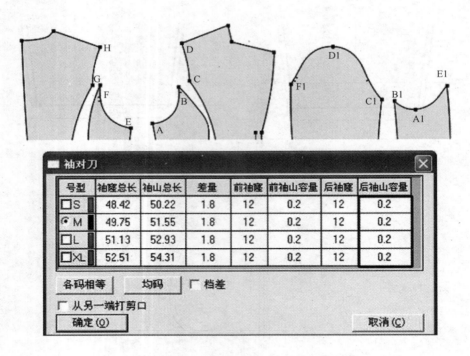

图2-84　袖对刀

5. ⊢⊣ 眼位

（1）根据眼位的个数和距离，系统自动画出眼位的位置。

用该工具单击前领深点，弹出【眼位】对话框。输入偏移量、个数及间距，点击【确定】即可（图2-85）。

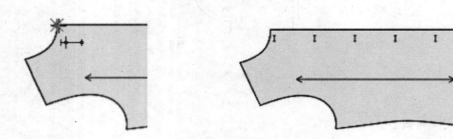

图2-85　衣片上加眼位

（2）在线上加扣眼，放码时只放辅助线的首尾点即可。操作可参考加钻孔命令。

（3）在不同的码上，加数量不等的扣眼。操作参考加钻孔命令。

（4）按鼠标移动的方向确定扣眼角度：用该工具选中参考点后按住左键拖移，松开鼠标后会弹出加扣眼对话框（图2-86）。

图2-86　领子上加眼位

（5）修改眼位：用该工具在眼位上击右键，即可弹出【扣眼】对话框。

6. ⊞ 钻孔

（1）根据钻孔或扣位的个数和距离，系统自动画出钻孔或扣位的位置。

①用该工具单击前领深点，弹出【钻孔】对话框。

②输入偏移量、个数及间距，确定即可（图2-87）。

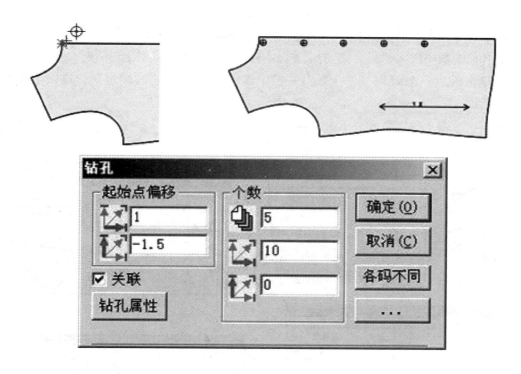

图2-87　衣片上加纽扣位

（2）在线上加钻孔（扣位），放码时只放辅助线的首尾点即可。

①用钻孔工具在线上单击，弹出【钻孔】对话框。

②输入钻孔的个数及距首尾点的距离参数，确定即可（图2-88）。

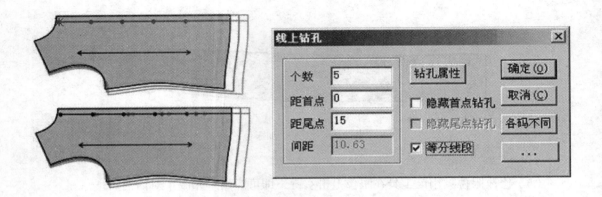

图2-88　在线上加钻孔（扣位）

（3）在不同的码上，加数量不等的钻孔（扣位）。

此操作可分为在线上添加与不在线上添加两种情况，下面以在线上加数量不等的扣位为例。在前三个码上加3个扣位，最后一个码上加4个扣位。

①选择加钻孔工具，在下图辅助线上单击，弹出【线上钻孔】对话框。

②扣位个数中输入"3"，单击【各码不同】，弹出【各号型】对话框。

③单击最后一个XL码，"个数"一栏中输入"4"，点击"确定"，返回【线上钻孔】对话框。

④再次单击【确定】即可（图2-89）。

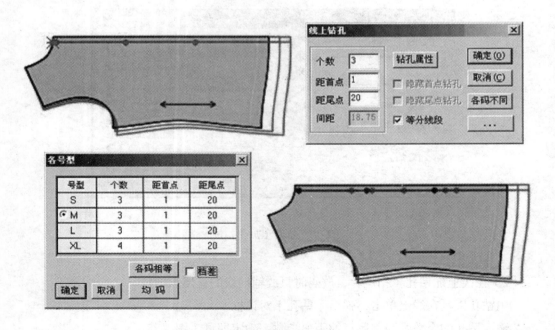

图2-89　给不同的码加数量不等的钻孔（扣位）

（4）修改钻孔（扣位）的属性：用该工具在扣位上单击右键，即可弹出【线上钻孔】对话框（图2-90）。

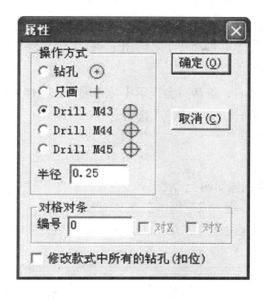

图2-90　修改钻孔（扣位）的属性

7. 布纹线

（1）用该工具左键单击纸样上的两点，布纹线与指定两点平行。

（2）用该工具在纸样上击右键，布纹线以45°的角度旋转。

（3）先用该工具在纸样（不是布纹线）上单击左键，再单击右键可任意旋转布纹线的角度。

（4）用该工具在布纹线的"中间"位置用左键单击，拖动鼠标可平移布纹线。

（5）选中该工具，把光标移在布纹线的端点上，再拖动鼠标可调整布纹线的长度。

（6）选中该工具，按住【Shift】键，光标会变成"T"，单击右键，布纹线上下的文字信息旋转90°。

（7）选中该工具，按住【Shift】键，光标会变成"T"，在纸样上任意点两点，布纹线上下的文字信息以指定的方向旋转。

8. 旋转衣片

（1）如果布纹线是水平或垂直的，用该工具在纸样上单击右键，纸样按顺时针90°的角度旋转；如果布纹线不是水平或垂直的，用该工具在纸样上单击右键，则纸样旋转在布纹线水平或垂直方向。

（2）用该工具单击左键选中两点，移动鼠标，纸样以选中的两点在水平或垂直方向上旋转。

（3）按住【Ctrl】键，用左键在纸样单击两点，移动鼠标，纸样可任意角度旋转。

（4）按住【Ctrl】键，在纸样上单击右键，可按指定角度旋转纸样。

（5）注意：旋转纸样时，布纹线与纸样在同步旋转。

9. 水平垂直翻转

（1）【水平翻转】与【垂直翻转】之间用【Shift】键切换。

（2）在纸样上直接单击左键即可。

（3）纸样设置了左或右，翻转时会提示【是否翻转该纸样？】。

（4）如果真的需要翻转，单击【是】即可。

10. 纸样对称

（1）关联对称纸样。

①按【Shift】键，使光标切换为 。

②单击对称轴（前中心线）或分别单击点A、点B。

③如果需再恢复成原来的纸样，用该工具按住对称轴，同时按【Delete】键即可（图2-91）。

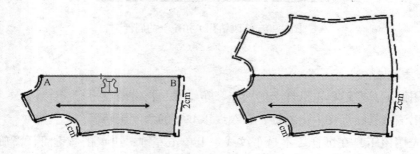

图2-91　关联对称纸样

（2）不关联对称纸样。

①按【Shift】键，使光标切换为 。

②单击对称轴（前中心线）或分别单击点A、点B（图2-92）。

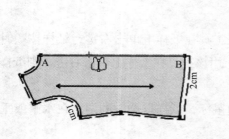
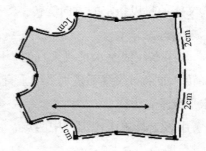

图2-92　不关联对称纸样

第六节　读图与点放码功能介绍

一、读图（又称读纸样）

1.功能

借助数化板、鼠标，可以将手工做的基码纸样或放好码的网状纸样输入到计算机中。

2.操作

（1）读基码纸样。

①单击 图标，弹出【读纸样】对话框，用数化板鼠标的十字准星+对准需要输入的点（参见十六键鼠标各键的预置功能），按顺时针方向依次读入边线各点，按【2】键闭合纸样。

②这时，软件会自动选中开口辅助线 （如果需要输入闭合辅助线单击 ，如果是挖空纸样单击 ），根据点的属性按下对应的按键。每读完一条辅助线、挖空一个地方或闭合辅助线，都要按一次【2】键。

③根据附表中的方法，读入其他内部标记。

④单击对话框中的【读新纸样】，则先读的一个纸样出现在纸样列表内。【读纸样】对话框空白时，可以读入另一个纸样。

⑤全部纸样读完后，单击【结束读样】。

⑥注意：钻孔、扣位、扣眼、布纹线、圆、内部省等，既可以在读边线之前读入，也可以在读边线之后读入。

（2）举例说明（图2-93）。

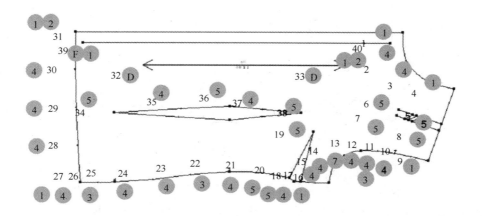

图2-93　读基样图

①序号1、2、3、4依次用【1】键、【4】键、【4】键、【1】键读。

②用鼠标【1】键在菜单上选择对应的刀褶，再用【5】键读此褶。用【1】键【4】键读取相应的点，用对应键按序读取对应的点。

③序号11，如果读图对话框中选择的是【放码曲线点】，那么就先用【4】键再用【3】键读该位置。序号22与序号25，可以直接用【3】键。

④读完序号17后，先用鼠标【1】键在菜单上选择对应的省，再读取该省。

⑤序号31，先用【1】键读，再用【2】键读。

⑥读菱形省时，先用鼠标【1】键在菜单上选择菱形省。因为菱形省是对称的，只读半边即可。

⑦读开口辅助线时，每读完一条辅助线都需要按一次【2】键来结束任务。

（3）读放码纸样。

①单击【号型】菜单→【号型编辑】，根据纸样的号型编辑后并指定基码，单击确定。

②按从小码到大码的顺序，把各纸样以某一边为基准整齐地叠在一起，并将其固定在数化板上。

③单击 📱 图标，弹出【读纸样】对话框，先用【1】键输入基码纸样的一个放码点，再用【E】键按从小码到大码的顺序（跳过基码）读入与该点相对应的各码放码点。

④参照此法，输入其他放码点，非放码点只需读基码即可。

⑤输入完毕，最后用【2】键完成。

（4）举例说明。

①在【设置规格号型表】对话框中输入4个号型，如S、M、L、XL，为了方便读图可把最小码S设为基码（图2-94）。

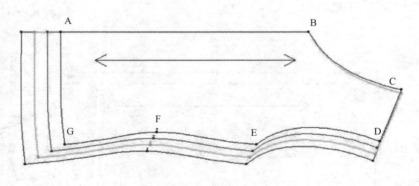

图2-94　读放码图

②把放码纸样图如上图所示贴在数化板上。

③从点A开始，按顺时针方向读图，用【1】键在基码点上单击，用【E】键分别在A1、A2、A3上单击（图2-95）。

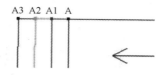

图2-95 局部放大图1

④用【1】键在 B 点上单击（B点没放码），再用【4】键读基码的领口弧线。

⑤用【1】键在C点上单击，再用【E】键在C点上单击，最后在C2点上单击两次（领宽是两码一档差）（图2-96）。

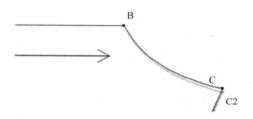

图2-96 局部放大图2

⑥D点的读法同A点，接着用【4】键单击袖窿弧线，其他放码点和非放码点同前面的读法……，【2】键完成。

3.读图仪鼠标介绍

（1）十六键鼠标各键的预置功能介绍（表2-26）。

表 2-26 十六键鼠标各键的预置功能介绍

1 键	直线放码点	2 键	闭合 / 完成
3 键	剪口点	4 键	曲线非放码点
5 键	省 / 褶	6 键	钻孔（十字叉）
7 键	曲线放码点	8 键	钻孔（十字叉外加圆圈）
9 键	眼位	0 键	圆
A 键	直线非放码点	B 键	读新纸样
C 键	撤销	D 键	布纹线
E 键	放码	F 键	辅助键

注：F键用于切换 的选中状态。

（2）十六键鼠标（图2-97）。

 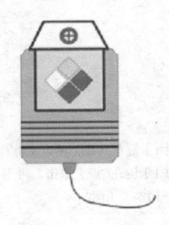

图2-97 十六键鼠标

4.读图细节说明（表2-27）

（1）读取边线和内部闭合线时，需按顺时针方向读入。

（2）省褶。

①在读取边线省或褶前，至少需要先读取一个边线点。

②读V形省时，如果读纸样对话框还未读入其他省或褶，就不必在菜单上选择。

③在一个纸样连续读取同种类型的省或褶时，只需在菜单上一次性选择类型即可。

（3）布料、份数。

一个纸样上有多种布料，如有一个纸样中面有2份，衬（朴）有1份，可先用【1】键点击【布料】，再点击布料的名称【面料】，点击【份数】，点击相应的数字【2】，点击【布料】，点击另一种布料名称【衬（朴）】，点击【份数】，最后点击相应的数字【1】。

表2-27 读图细节说明

类型	操　作	示意图
开口辅助线	读完边线后，系统会自动切换为 ▨，用【1】键读入端点、中间点（按点的属性读入。直线读入【1】键，弧线读入【4】键），【1】键读入另一端点，按【2】键完成	
闭合辅助线	读完边线后，单击 ▨，根据点的属性输入即可，按【2】键闭合	
内边线	读完边线后，单击 ☆，根据点的属性输入即可，按【2】键闭合	

类型	操　　作	示意图
V形省	读边线读到V形省时，先用【1】键单击菜单上的V形省（软件默认为V形省，如果没读其他省而读此省时，不需要在菜单上选择），按【5】键依次读入省底起点、省尖、省底终点。如果省线是曲线，在读省底起点后按【4】键读入曲线点。因为省是对称的，读弧线省时用【4】键读其中一边即可	
锥形省	读边线读到锥形省时，先用【1】键单击菜单上的锥形省，然后用【5】键依次读入省底起点、省腰、省尖、省底终点。如果省线是曲线，在读省底起点后按【4】键读入曲线点。因为省是对称的，弧线省时用【4】键读一边即可	
内V形省	读完边线后，先用【1】键单击菜单上的内V形省，余后操作同V形省	
内锥形省	读完边线后，先用【1】键单击菜单上的内锥形省，余后操作同锥形省	

类型	操　作	示意图
菱形省	读完边线后，先用【1】键单击菜单上的菱形省，按【5】键顺时针依次读入省尖、省腰、省尖，按【2】键闭合。如果省线是曲线，在读入省尖后可以按【4】键读入曲线点。因为省是对称的，读入弧线省时用【4】键读一边即可	
褶	读工字褶（明、暗）、刀褶（明、暗）的操作相同。在读上述边线时，先用【1】键选择菜单上的褶的类型及倒向，再用【5】键顺时针方向依次读入褶底、褶深。1、2、3、4表示读省顺序	
剪口	在读边线读到剪口时，按点的属性选1、4、7、A其中之一，再加【3】键读入即可。如果在读图对话框中选择曲线放码点，在曲线放码上加读剪口，可以直接用【3】键读入	
纱向线	边线完成之前或之后，按【D】键读入布纹线的两个端点。如果不输入纱向线，系统会自动生成一条水平纱向线	D ⟷ D
扣眼	边线完成之前或之后，用【9】键输入扣眼的两个端点	
打孔	边线完成之前或之后，用【6】键单击孔心位置	
圆	边线完成之前或之后，用【0】键在圆周上读三个点	
款式名	用【1】键先点击菜单上的【款式名】，再点击表示款式名的数字或字母。一个文件中款式名只读一次即可	
简述客户名订单名	同上	
纸样名	读完一个纸样后，用【1】键点击菜单上的【纸样名】，再点击对应名称	
布料份数	同上	
文字串	读完纸样后，用【1】键点击菜单上的【文字串】并在纸样上单击两点（确定文字位置及方向），接下来点击文字内容，最后点击菜单上的【Enter】键	

5.读纸样对话框参数说明（图2-98）

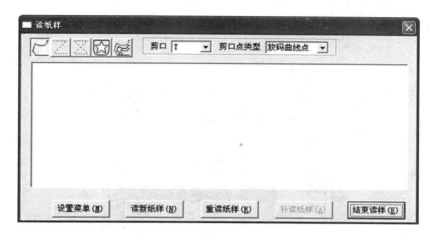

图2-98　【读纸样】对话框

（1）<u>剪口 T ▼ 剪口点类型 放码曲线点 ▼</u>剪口后的下拉框中有多种剪口类型可供选择，该项选中内容为读图时显示的剪口类型。剪口点类型后的下拉框中有四种点类型可供选择，如图所示选择为曲线放码点，那么读到在曲线放码点上的剪口时，直线用【3】键即可。

（2）<u>设置菜单(M)</u>当第一次读纸样或菜单被移动过后，需要重新设置菜单。把菜单贴在数化板有效区的某边角位置，单击该命令，选择【是】后，用鼠标【1】键依次单击菜单的左上角、左下角、右下角即可。

（3）<u>读新纸样(N)</u>当读完一个纸样，单击该命令，被读纸样放回纸样列表框，可以再读另一个纸样。

（4）<u>重读纸样(R)</u>读纸样时，错误步骤较多时，选择该命令后可重新读样。

（5）<u>补读纸样(A)</u>当纸样已放回纸样窗，单击该按钮可以补读，如剪口、辅助线等。选中纸样，单击该命令，选中纸样显示在对话框中，补读未读元素。

（6）<u>结束读样(E)</u>用于关闭读图对话框。

二、点放码工具功能介绍

1. 点放码表（图2-99）

（1）功能：对单个点或多个点放码时用的功能表。

（2）操作。

①单击 图标，弹出点放码表。

②用 单击或框选放码点，激活dX、dY栏。

③可以在除基码外的任何一个码中输入放码量。

④单击【X相等】、【Y相等】、【XY相等】……放码按钮，即可完成该点的放码。

⑤技巧：用 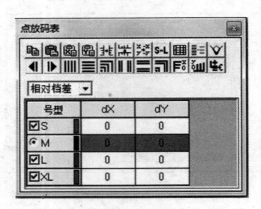 选择纸样控制点工具，左键框选一个或多个放码点，在任意空白处单击左键或者按【Esc】键，可以取消选中当前的选中点。

图2-99　点放码表

2. 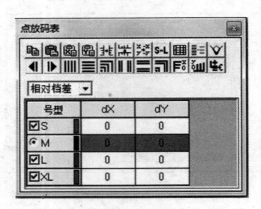 **复制放码量**

（1）功能：用于复制已放码点（可以是一个或一组点）的放码值。

（2）操作。

①用选择纸样控制点 单击或框选或拖选已经放过码的点，点放码表中立即显示放码值。

②单击 按钮，这些放码值即被临时储存起来（用于粘贴）。

3. **粘贴XY放码量**

（1）功能：将X和Y两方向上的放码值粘贴在指定的放码点上。

（2）操作。

①在完成【复制放码量】命令后，单击或框选或拖选要放码的点。

②单击 按钮，即可粘贴XY放码量。

4. **粘贴X放码量**

（1）功能：将某点水平方向的放码值粘贴到选定点的水平方向上。

（2）操作。

①在完成【复制放码量】命令后，单击或框选某一需要放码的点。

②单击 按钮，即可粘贴X放码量。

5. **粘贴Y放码量**

（1）功能：将某点垂直方向的放码值粘贴到选中点的垂直方向上。

（2）操作。

①在完成【复制放码量】命令后，单击或框选需要放码的点。

②单击 按钮，即可粘贴Y放码量。

6. X取反

（1）功能：使放码值在水平方向上反向，换句话说，是指将某点的放码值的水平值由【+X】转换为【–X】，或由【–X】转换为【+X】。

（2）操作：选中放码点，单击该按钮即可。

7. Y取反

（1）功能：使放码值在垂直方向上反向，也就是指将某点的放码值的垂直值由【+Y】转换为【–Y】，或由【–Y】转换为【+Y】。

（2）操作：选中放码点，单击该按钮即可。

8. XY取反

（1）功能：使放码值在水平和垂直方向上都反向，也就是指将某点的放码值的【X】和【Y】取向都变为【–X】和【–Y】，反之也可。

（2）操作：选中放码点，单击该按钮即可。

9. X相等

（1）功能:该命令可以使选中的放码点在【X】方向（即水平方向）上均等放码。

（2）操作。

①选中放码点，激活【点放码表】对话框的文本框。

②在文本框中输入放码档差。

③单击该按钮即可。

10. Y相等

（1）功能：该命令可使选中的放码点在【Y】方向（即垂直方向）上均等放码。

（2）操作方法同上。

11. X、Y相等

（1）功能：该命令可使选中的放码点在【X】和【Y】（即水平和垂直方向）两个方向上均等放码。

（2）操作方法同上。

12. X不等距

（1）功能：该命令可使选中的放码点在【X】方向（即水平方向）上各码的放码量不等距放码。

（2）操作。

①单击某放码点，【点放码表】对话框的文本框变亮，显示有效。

②在点放码表文本框的【dX】栏里，针对不同号型输入不同的放码量的档差数值，单击该命令即可。

13. ▦ Y不等距

（1）功能：该命令可使选中的放码点在【Y】方向（即垂直方向）上，各码的放码量不等距放码。

（2）操作方法同上。

14. ▧ X、Y不等距放码

（1）功能：该命令对所有输入到点放码表的放码值无论相等与否，都能进行放码。

（2）操作。

①单击需要放码的点，在【点放码表】的文本框中输入合适的放码值。注意：有多少数据框，就该输入多少次数据，除非放码值为零。

②单击该按钮。

15. ▣ X等于零

（1）功能：该命令可将选中放码点在水平方向（即【X】方向）上的放码值变为零。

（2）操作：选中放码点，单击该图标即可。

16. ▥ Y等于零

（1）功能：该命令可将选中的放码点在垂直方向上（即【Y】方向上）的放码值变为零。

（2）操作：操作方法同上。

17. ▦ 自动判断放码量正负

功能：选中该图标时，不论放码量中输入的是正数还是负数，用了放码命令后，计算机都会自动判断出正负值。

思考与练习题

1.简述富怡V8服装CAD系统有哪些特点？

2.富怡V8服装CAD系统服装制板有几种方式？简述每种方式的优势与区别。

3.富怡V8服装CAD系统放码方式有几种？各有什么特点？

4.富怡V8服装CAD系统排料方式有几种？各有什么特点？

5.将手工制作的衬衫纸样读入计算机中，并运用所学的富怡V8服装CAD知识，对读入计算机中的样板进行检验后，运用富怡V8服装CAD进行放码。

第三章
原型法制板技术原理

课题名称： 原型法制板技术原理

课题内容： 新文化式服装原型绘制
服装CAD转省应用

课题时间： 6课时

训练目的： 运用富怡V8服装CAD进行新文化式服装原型绘制、省道转移应用。

教学方式： 讲授法、举例法、示范法、启发式教学、现场实训教学相结合。

教学要求： 1.使学生掌握运用富怡V8服装CAD进行新文化式服装原型的绘制技巧。

2.使学生能够熟练掌握运用富怡V8服装CAD进行省道转移的操作方法。

原型法提供了以形象思维为主的方式作为制板的基础，是通行的服装平面结构设计技法，具有易于学习掌握和易于设计变化等诸多优点。原型作为体型覆盖面很大的人体内限模板，为设计者解除了合体问题的后顾之忧，极大地减少了计算、绘制基础线的重复劳动，在其之外的大多数设计线条都可以按照类似绘画线条的方式进行处理。按此概念制板，原型法制版技术极大地丰富了服装造型款式设计的技术平台。

第一节　新文化式服装原型绘制

文化式女上装新原型也称第八代文化式服装原型，是日本文化服装学院在第七代服装原型基础上，推出的更加符合年轻女性体型的新原型。新原型结合了现代年轻女性的体型和曲线特征，前、后片的腰节闭合量明显增大，省量分配更加合理，与人体的间隙量也更加均匀。本节主要讲解新文化式女上装原型CAD制图。

一、制图尺寸

胸围：84cm；背长：38cm；腰围：64cm；袖长：52cm。

二、新文化式女上装原型CAD制图步骤

1.画矩形（图3-1）

选择 【智能笔】工具，在空白处拖定出背长38cm，胸围48cm的矩形（胸围计算公式：$\dfrac{胸围84cm}{2}+6cm$）。

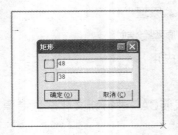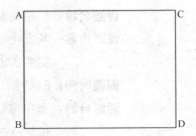

图3-1　画矩形

2.画胸围线（图3-2）

选择 【智能笔】工具在AB线段20.7cm处（计算公式：$\dfrac{胸围84cm}{12}+13.7cm$）绘制一条垂直相交至CD线段的EF线段作为胸围线。

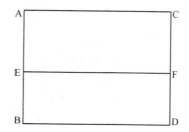

图3-2 画胸围线

3.画背宽线（图3-3）

选择 【智能笔】工具在EF线段17.9cm处（计算公式：$\dfrac{胸围84cm}{8}+7.4cm$）画一条垂直线GH与AC线段相交，作为背宽线。

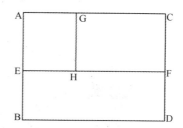

图3-3 画背宽线

4.画IJ线段（图3-4）

选择 【智能笔】工具，在AE线段8cm处画一条垂直线IJ，与GH线段相交。

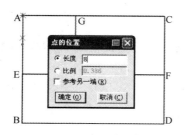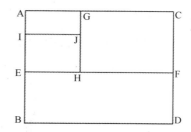

图3-4 画IJ线段

5.确定肩省尖位置（图3-5）

将线型改变为虚线 ┌-----▼┐，选择 等分规工具，将IJ线段平分两等份；然后选择 点工具在IJ线段中点按【Enter】键，出现【偏移】对话框，输入横向偏移量1cm加点作为肩省尖位置。

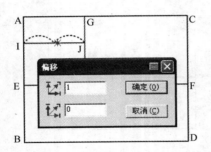
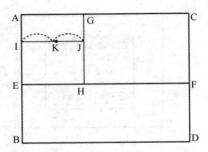

图3-5　确定肩省尖位置

6.调整CF线段（图3-6）

选择 ✐【智能笔】工具并同时按住【Shift】键，右键点击CF线段的上半部分；进入【调整曲线长度】功能。输入增长量4.4cm（计算公式：$\dfrac{胸围84cm}{5}+8.3cm-20.7cm$）。

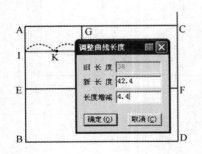
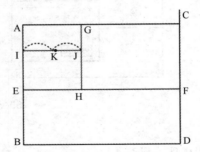

图3-6　调整CF线段

7.绘制CL线段（图3-7）

选择 ✐【智能笔】工具，从C点画一条16.7cm（计算公式：$\dfrac{胸围84cm}{8}+6.2cm$）的CL线段。

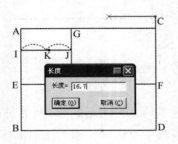
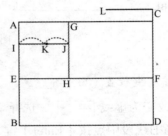

图3-7　画CL线段

8.画胸宽线（图3-8）

选择 ![智能笔] 【智能笔】工具，从L点画一条垂直线LM，与HF线段相交，作为胸宽线，然后使用 ![智能笔] 【智能笔】工具的切角功能删除AG线段的多余部分。

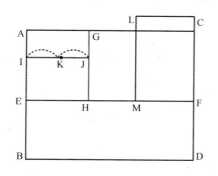

图3-8　画胸宽线

9.确定后袖窿控制点位置（图3-9）

将线型改变为虚线 ![-----]，选择 ![等分规] 等分规工具，将JH线段平分两等份；然后选择 ![点工具] 点工具在JH线段中点按【Enter】键，出现【偏移】对话框，输入纵向偏移量-0.5cm，加点作为后袖窿控制点位置。

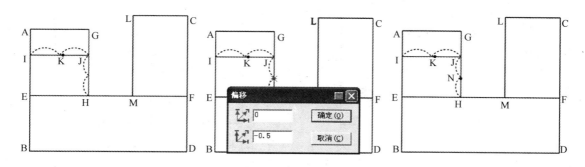

图3-9　确定后袖窿控制点位置

10.画NO线段（图3-10）

选择 ![智能笔] 【智能笔】工具，从N点画一条垂直线与LM线段相交。选择 ![智能笔] 【智能笔】工具，在2.6cm处（计算公式：$\dfrac{胸围84cm}{32}$）画一条垂直线与HM线段相交。然后，用 ![智能笔] 【智能笔】工具的切角功能把NO线段多余部分删除。

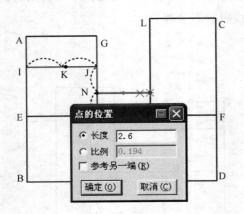
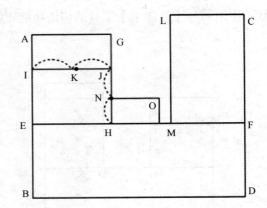

图3-10　画NO线段

11.画侧缝线（图3-11）

将线型改变为虚线 ，选择 【等分规】工具，将H点至O线至HM线段上的交点处平分两等份；在中点画一条垂直线相交至BD线段作为侧缝线。

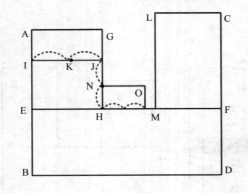
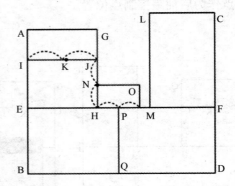

图3-11　画侧缝线

12.确定BP点位置（图3-12）

将线型改变为虚线 ，选择 【等分规】工具，将MF线段平分两等份；然后选择 【点】工具在MF线段中点按【Enter】键，出现【偏移】对话框，输入横向偏移量-0.7cm，加点作为BP点位置。

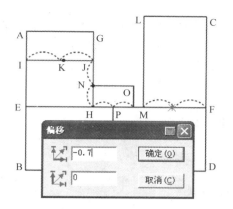
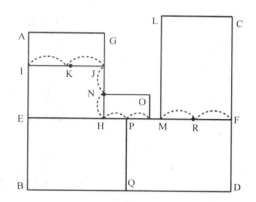

图3-12　确定BP点位置

13.画前片领矩形

①选择 ✐【智能笔】工具，在LC线段6.9cm处（计算公式：$\dfrac{胸围84cm}{24}+3.4cm$）画一条长7.4cm的垂直线（计算公式：前横开领宽6.9cm+0.5cm）（图3-13）。

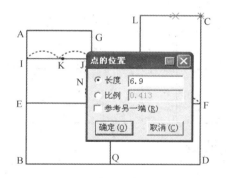
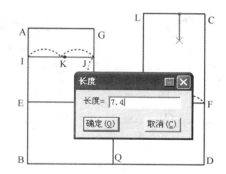

图3-13　画前直开领线

②选择 ✐【智能笔】工具，从T点画对角线至C点。将线型改变为虚线 `------ ▾`，选择 ⌒⌒【等分规】工具，将TC线段平分为三等份（图3-14）。

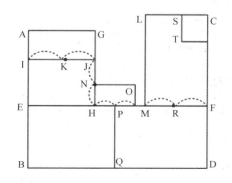
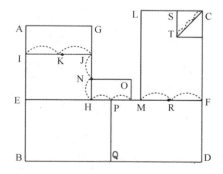

图3-14　画TC对角线

③选择 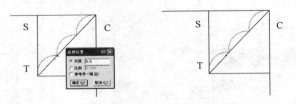 【点】工具在$\frac{1}{3}$处的TC线段0.5cm处加一个点，作为画前领窝弧线的控制点（图3-15）。

图3-15　确定前领弧线的控制点

14.画后片领基础线（图3-16）

选择 【智能笔】工具，在AG线段7.1cm处（计算公式：前横开领宽6.9cm+0.2cm）画一条垂直线2.36cm（取$\frac{1}{3}$后片横开领）。

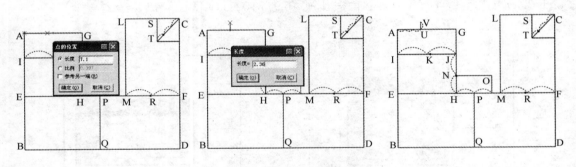

图3-16　画后片领基础线

15.画袖窿省（图3-17）

①选择 【智能笔】工具，从R点画一条线至O点。

②选择选择 【旋转】工具，按住【Shift】键进入【复制旋转】功能，将RO线段进行旋转，在【旋转】对话框中输入旋转角度18.5°（计算公式：$\frac{胸围84cm}{4}-2.5cm$）。

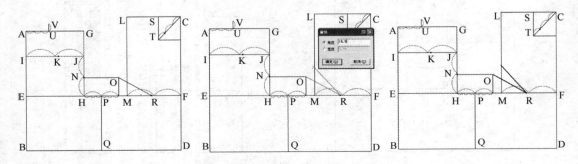

图3-17　画袖窿省

16.画肩缝线（图3-18）

①选择 ⟨图标⟩【旋转】工具，按住【Shift】键进入【复制旋转】功能，将SL线段进行旋转，在【旋转】对话框输入旋转角度22°。

②选择 ⟨图标⟩【智能笔】工具中的【单向靠边】功能，将肩缝线靠边到胸宽线。

③选择 ⟨图标⟩【智能笔】工具按住【Shift】键，右键点击肩缝线靠胸宽线的部分；进入【调整曲线长度】功能，输入增长量1.8cm。

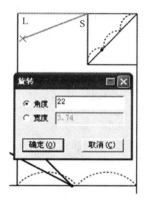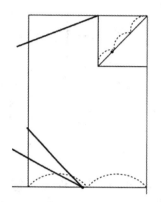

图3-18 画肩缝线

17.画前袖窿弧线上段部分和前领弧线（图3-19）

①选择 ⟨图标⟩【智能笔】工具，将前袖窿弧线的上段部分相连成一条线，然后用 ⟨图标⟩【调整】工具调顺前袖窿弧线的上段部分。

②选择 ⟨图标⟩【智能笔】工具，经前领窝弧线控制点相连接形成前领弧线，然后用 ⟨图标⟩【调整】工具调顺。

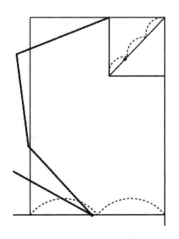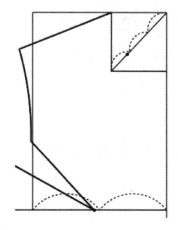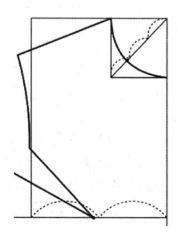

图3-19 画前袖窿弧线上段部分和前领弧线

18.画后领弧线（图3-20）

选择 ✏️【智能笔】工具，将A点与V点连成一条线，然后用 ↖【调整】工具调顺后领弧线。

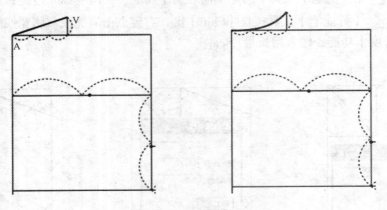

图3-20　画后领弧线

19.画后肩缝线（图3-21）

①选择 ✏️【智能笔】工具，从后横开领端点画一条长14.13 cm（计算公式：前肩缝线长度12.37cm+$\frac{胸围84cm}{32}$－0.8cm）的垂直线。

②选择 ↻【旋转】工具，按住【Shift】键进入【旋转】功能，将垂直线段进行旋转，在【旋转】对话框输入旋转角度18°。

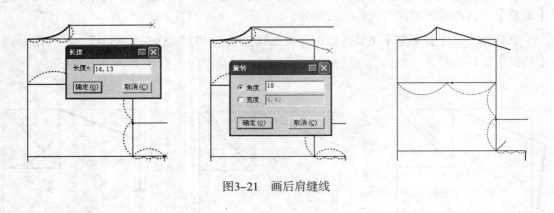

图3-21　画后肩缝线

20.画袖窿弧线（图3-22）

①选择 ✏️【智能笔】工具，从背宽线与胸围线的交点处画一条呈45°的对角线，长2.6cm（$\frac{1}{3}$等分量1.8cm +0.8cm）。

②选择 ✏️【智能笔】工具，从胸宽线与胸围线的交点处画一条呈45°的对角线，长2.3cm（$\frac{1}{3}$等分量1.8cm +0.5cm）。

③选择 ✐【智能笔】工具，经控制点画好袖窿弧线，再用 ↖【调整】工具调顺袖窿弧线。

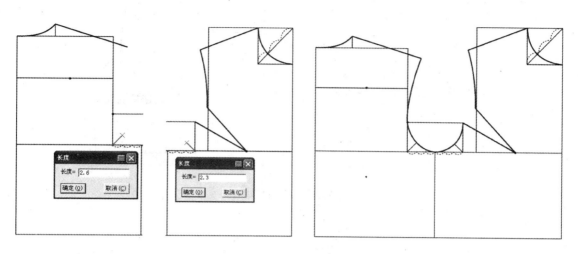

图3-22 画袖窿弧线

21.画后肩省（图3-23）

①选择 ✐【智能笔】工具，从后肩省省尖点画一条垂直线超出肩缝线。

②选择 ✂【剪断线】工具，将肩缝线自垂直线交点处剪断；选择 ✐【智能笔】工具，从肩省省尖点与肩缝线1.5cm处画一条线为肩省线。

③选择 ✂【剪断线】工具，将肩缝线自肩省线处剪断；选择 ✐【智能笔】工具，从肩省省尖点与肩缝线1.8cm处画一条线为肩省线。

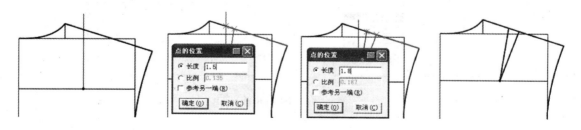

图3-23 画后肩省

22.画腰省

①选择 ✐【智能笔】工具，从肩省省尖点画一条垂直线与腰围线相交，从BP点画一条垂直线与腰围线相交；选择 ✐【智能笔】工具，把光标放在后袖窿弧线控制点上并按【Enter】键，出现【移动量】对话框，输入横向偏移量−1cm，然后以此画一条垂直线与腰围线相交（图3-24）。

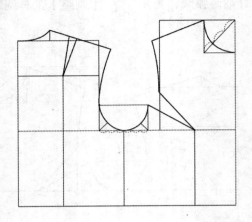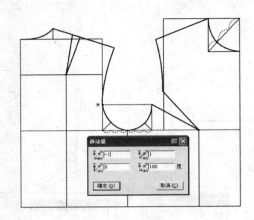

图3-24　画腰省步骤1

②选择 ✐ 【智能笔】工具，从前片胸围线1.5cm处画一条垂直线与腰围线相交，选择 ✐ 【智能笔】工具的【单向靠边移】功能，将垂直线靠边至袖窿省线（图3-25）。

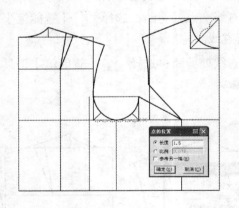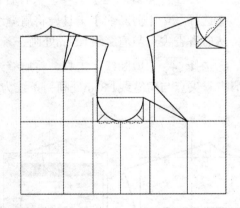

图3-25　画腰省步骤2

③选择 ✐ 【智能笔】工具，在省中线3cm处开始画省线，将光标放在省中线与腰围线交点处按【Enter】键，出现【移动量】对话框，输入横向偏移量0.88cm（计算方法：12.5cm×7%），然后以此画一条线与腰围线相交。选择 ✐ 【智能笔】工具，从省中线与袖窿省线交点处开始画省线，将光标放在省中线与腰围线交点上按【Enter】键，出现【移动量】对话框，输入横向偏移量0.94cm（计算方法：12.5cm×7.5%），然后以此画一条线与腰围线相交（图3-26）。

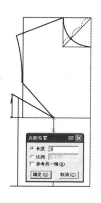
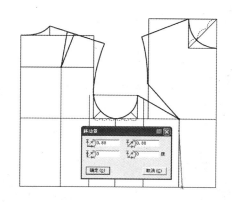
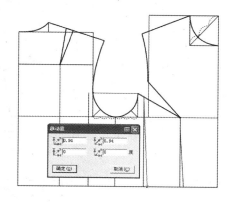

图3-26　画腰省步骤3

④选择 【智能笔】工具，从省中线与胸围线交点处画省线，将光标放在省中线腰围线交点上按【Enter】键，出现【移动量】对话框，输入横向偏移量0.69cm（计算方法：12.5cm×5.5%），然后以此画一条线与腰围线相交。选择 【智能笔】工具，在从省中线顶点开始画省线，将光标放在省中线与腰围线交点上按【Enter】键，出现【移动量】对话框，输入横向偏移量2.19cm（计算方法：12.5cm×17.5%），然后以此画一条线与腰围线相交（图3-27）。

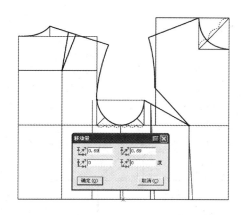
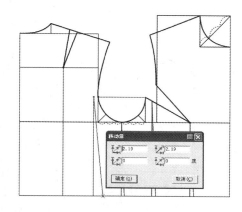

图3-27　画腰省步骤4

⑤选择 【智能笔】工具中的【单向靠边】功能，将后腰省的省中线靠边到胸围线处。选择 【智能笔】工具并按住【Shift】键，右键点击省中线上半部分，进入【调整曲线长度】功能，输入增长量2cm。选择 【智能笔】工具，从省中线顶点开始画省线，将光标放在省中线与腰围线交点处按【Enter】键，出现【移动量】对话框，输入横向偏移量1.13cm（计算方法：12.5cm×9%），然后以此画一条线与腰围线相交（图3-28）。

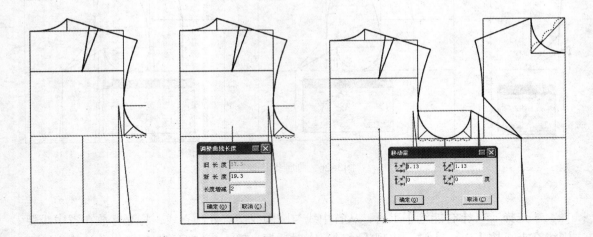

图3-28　画腰省步骤5

⑥选择 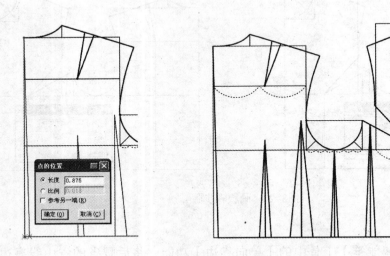 【智能笔】工具，从后直开领端点开始画省线，与腰围线离后中0.87cm（计算方法：12.5cm×7%）处相连为后中省线（图3-29）。

图3-29　画腰省步骤6

23.第8代女装上衣原型完成图（图3-30）。

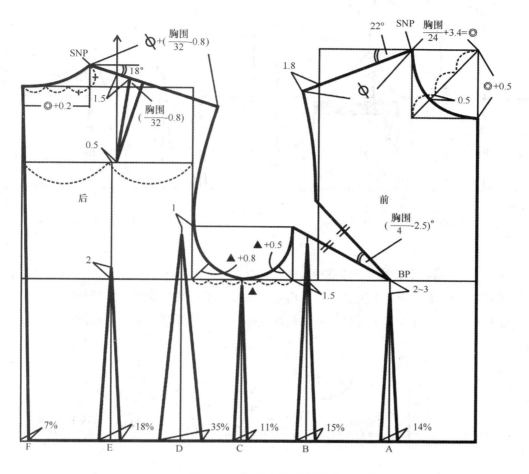

图3-30　第8代女装上衣原型

三、新文化式袖原型CAD制图步骤

（1）选择 【智能笔】工具并同时按住【Shift】键，右键点击侧缝线基础线的上半部分，进入【调整曲线长度】功能，输入增长量22cm（图3-31）。

（2）转移袖窿省至前中（图3-32）。

①选择 【剪断线】工具，在前中线与胸围线交点处剪断。

②选择 【旋转】工具，按住【Shift】键进入【旋转】功能，将袖窿省闭合转移至前中。

③选择 【剪断线】工具，依次点击前袖窿弧线的两段线，然后按右键结束将两段线连接成一条线。选择 【调整】工具，调顺前袖窿弧线。

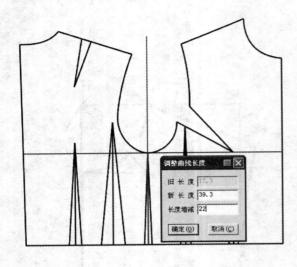

图3-31　延长侧缝线基础线

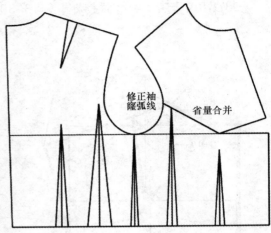

图3-32　转移袖窿省至前中

（3）画肩端点平行线（图3-33）。

①选择 🖊 【智能笔】工具，从后肩端点画一条平行线至侧缝基础延长线。

②选择 🖊 【智能笔】工具，从前肩端点画一条平行线超出侧缝基础延长线。

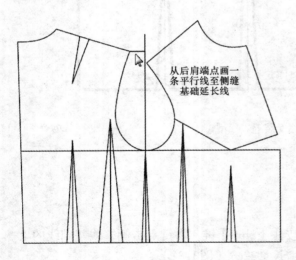

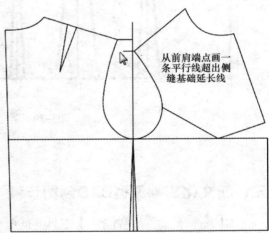

图3-33　画肩端点平行线

（4）确定袖山高（图3-34）。

①选择 🚗 【等分规】工具，将后肩端点至前肩端点的距离分成两等份。

②选择 🚗 【等分规】工具，将前后肩端点的间距中点至袖窿深点的距离分成六等份。

③选取前后肩端点的间距中点至袖窿深点距离的$\frac{5}{6}$为袖山高。

④选择 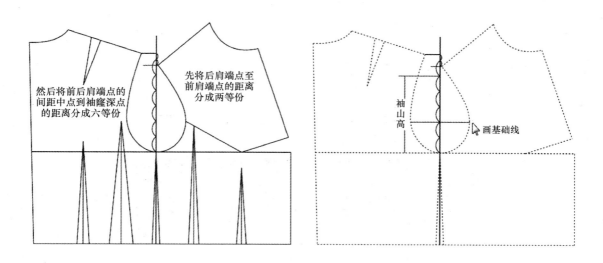【智能笔】工具，从前后肩端点的间距中点至袖窿深点距离的$\frac{1}{3}$处画一条平行线。

然后将前后肩端点的间距中点到袖窿深点的距离分成六等份

先将后肩端点至前肩端点的距离分成两等份

袖山高

画基础线

图3-34　确定袖山高

（5）画袖中线（图3-35）。

选择 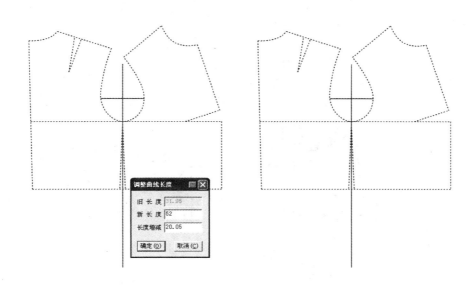【智能笔】工具并同时按着【Shift】键，右键点击侧缝基础线的下半部分，进入【调整曲线长度】功能，输入新长度52cm。

调整曲线长度

旧长度　31.95
新长度　52
长度增减　20.05

确定(O)　取消(C)

图3-35　画袖中线

（6）测量前后袖窿弧线长度（图3-36）。

选择 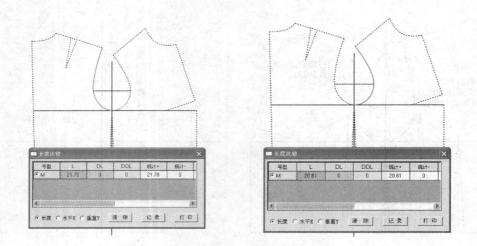 【比较长度】工具，点击后袖窿弧线，测量出长度为21.78cm；选择 【比较长度】工具，点击前袖窿弧线，测量出长度为20.81cm。

图3-36　测量前后袖窿弧线长度

（7）画袖山斜线（图3-37）。

选择 A 【圆规】工具，画出前袖山斜线20.8cm，后袖山斜线22.7cm。

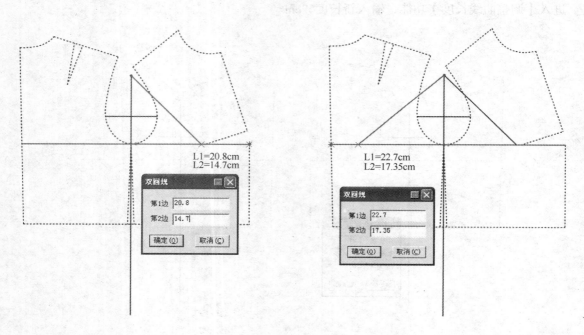

图3-37　画袖山斜线

（8）如图3-38、图3-39所示，确定袖山弧线控制点。

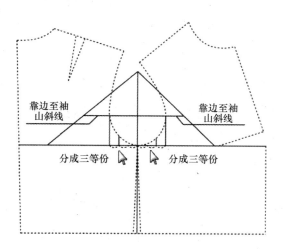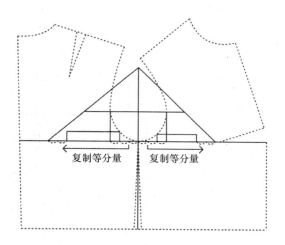

图3-38　确定袖山弧线控制点1

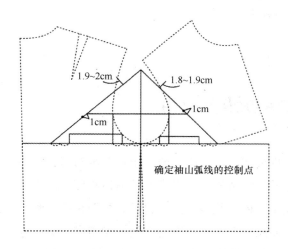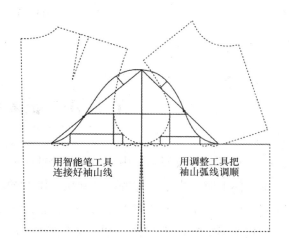

图3-39　确定袖山弧线控制点2

（9）一片袖原型完成图（图3-40）。

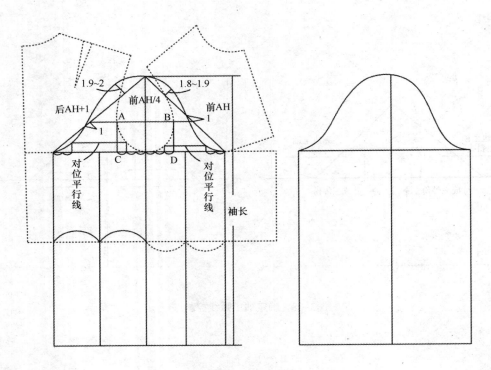

图3-40 一片袖原型

第二节 服装CAD转省应用

省是服装板型制作中对余量部分的一种处理形式。省的产生源自于将二维布料置于三维人体上时，由于人体的凹凸起伏、围度的落差比、宽松度的大小以及适体程度等因素的差异性，决定了面料在人体的许多部位所呈现出的松散状态不同。将这些松散量以一种集约式的形式处理便形成了省的概念，省的产生使服装造型由传统的平面造型走向了真正意义上的立体造型。本节通过三款不同造型的转省CAD制图步骤讲解，使读者真正掌握到转省CAD制图的步骤和技巧。

服装CAD转省操作步骤

1.横省和腰省设计（图3-41）

（1）选择 ✂ 【剪断线】工具将要旋转部位线段剪断。选择 ◨ 【旋转】工具，按住【Shift】键进入【旋转】功能，闭合侧腰省。

（2）选择 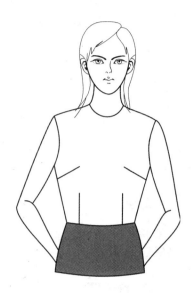【智能笔】工具，从袖窿省尖画新省线至侧缝线。

（3）选择【转省】工具，框选要转省的样片并点击新省线。点击闭合两段线，转省操作完成。

图3-41　横省和腰省设计

（4）选择【剪断线】工具，依次点击袖窿弧线的两段线，然后按右键结束将两段线连接成一条线。选择【调整】工具，调顺袖窿弧线（图3-42）。

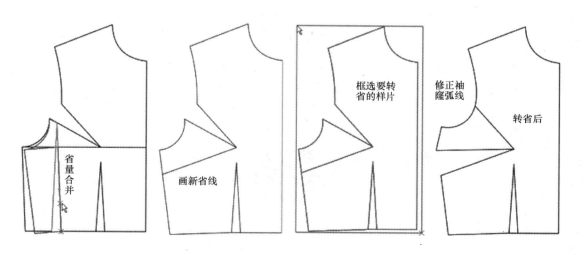

图3-42　横省和腰省设计步骤1

（5）选择 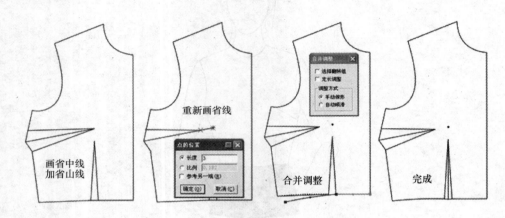【加省山】工具画好省山线，选择 【智能笔】工具，从省山中点处画一条线至省尖为省中线。

（6）选择 【橡皮擦】工具删除省线，选择 【智能笔】工具，在省中线离省尖3cm处画省线，然后用 【智能笔】工具【切角】功能删除多余省中线。

（7）选择 【合并调整】工具，先点击腰围线两段线，再点击闭合两段线，然后调顺腰围线（图3-43）。

图3-43　横省和腰省设计步骤2

2.前片公主缝分割设计（图3-44）

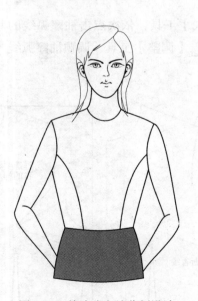

图3-44　前片公主缝分割设计

（1）选择 【剪断线】工具，将要旋转部位线段剪断后。选择 【旋转】工具，按着【Shift】键进入【旋转】功能，闭合侧腰省。

（2）选择 ✐【智能笔】工具，从袖窿省省尖画新省线至侧缝线。

（3）选择 ✋【转省】工具框选需要转省的样片，然后点击新省线，再点击闭合两段线即可转省。

（4）选择 ✄【剪断线】工具，依次点击袖窿弧线的两段线，然后按右键结束，将两段线连接成一条线，并选择 ↖【调整】工具调顺袖窿弧线（图3-45）。

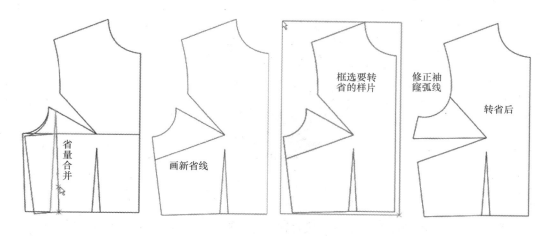

图3-45　公主缝分割设计步骤1

（5）选择 ↖【调整】工具，框选腰省，出现【偏移】对话框，输入横向偏移量2cm。

（6）选择 ✐【智能笔】工具，根据款式要求画好分割线。

（7）选择 ✄【剪断线】工具，将要旋转部位线段剪断。选择 ◸【旋转】工具，按着【Shift】键进入【旋转】功能，将腋下省闭合。

（8）选择 ✄【剪断线】工具，依次点击前片（前侧）分割弧线的两段线，然后按右键结束，将前片（前侧）分割弧线的两段线连接成一条线。选择 ↖【调整】工具，调顺前片（前侧）分割弧线（图3-46）。

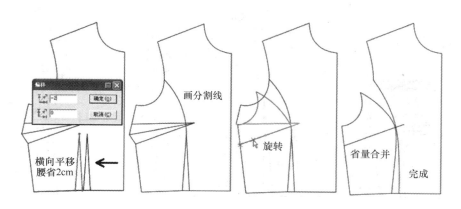

图3-46　公主缝分割设计步骤2

3.后片公主缝分割设计（图3-47）

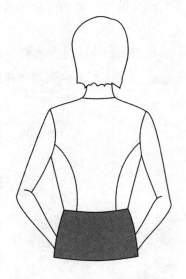

图3-47　后片公主缝分割设计

（1）选择 ✐【智能笔】工具，从肩省省肩点画一条线至袖窿弧线距肩端点8cm处。

（2）选择 ✂【剪断线】工具，将肩缝线的肩省近领窝弧线处剪断，选择 ⟅⟆【等分规】工具，将肩省分成三等份。

（3）选择 ✂【剪断线】工具，将袖窿弧线与新省线交点处剪断。选择 ⟲【旋转】工具，按着【Shift】键进入【旋转】功能，闭合肩省$\frac{2}{3}$的量。（注：$\frac{1}{3}$的肩省量保留在肩缝线作为吃势量，$\frac{2}{3}$的肩省量转移至袖窿弧线作为吃势量。）

（4）选择 ✂【剪断线】工具，依次点击肩缝线（袖窿弧线）的两段线，点击右键将肩缝线（袖窿弧线）的两段线连接成一条线。选择 �【调整】工具，调顺肩缝线（袖窿弧线）（图3-48）。

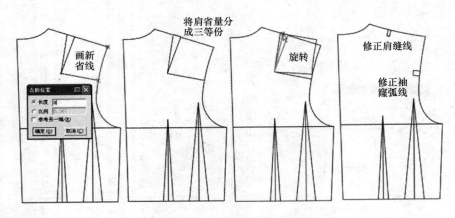

图3-48　后片公主缝分割设计步骤1

（5）选择 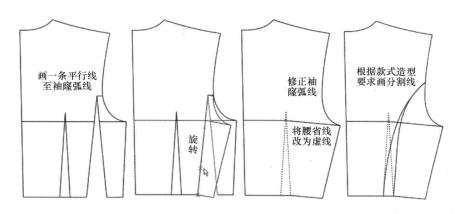【智能笔】工具，从侧腰省省尖画一条线至袖窿弧线。选择 【剪断线】工具，剪断需要转省的线段。

（6）选择 【旋转】工具，按着【Shift】键进入【旋转】功能，闭合侧腰省。

（7）选择 【调整】工具调顺袖窿弧线，把线型改变为虚线 ，选择 【设置线的颜色类型】工具点击腰省线，将腰省线变为虚线。

（8）选择 【智能笔】工具，根据款式造型要求画分割线。选择 【调整】工具，调顺分割线（图3-49）。

图3-49 后片公主缝分割设计步骤2

思考与练习题

1.运用富怡V8服装CAD系统绘制第8代文化式女装上衣原型。

2.运用富怡V8服装CAD系统绘制第8代文化式服装袖原型。

3.运用富怡V8服装CAD系统进行20款省道转移训练。

第四章

服装CAD制板

课题名称： 服装CAD制板

课题内容： 短裙制板

　　　　　　铅笔裤制板

　　　　　　女衬衫制板

　　　　　　连衣裙制板

　　　　　　男西装制板

课题时间： 20课时

训练目的： 让学生掌握并运用富怡V8服装CAD系统进行短裙、铅笔裤、女衬衫、连衣裙、男西装制板的使用方法、操作技巧及操作流程，能熟练运用各种工具进行打板操作。

教学方式： 以实际生产任务为载体来模拟工业化生产的过程，要求学生做系统的训练，即完成从结构设计、工业样板设计的一系列工作。通过综合训练，把单个工具的使用方法和实际任务相结合，提高学生的熟练程度和解决实际问题的能力。

教学要求： 1.使学生能够掌握短裙制板的操作方法。

　　　　　　2.使学生能够掌握铅笔裤制板的操作方法。

　　　　　　3.使学生能够掌握女衬衫制板的操作方法。

　　　　　　4.使学生能够掌握连衣裙制板的操作方法。

　　　　　　5.使学生能够掌握男西装制板的操作方法。

在服装工业化生产中，服装CAD制板为服装企业带来了巨大的经济效益并提供了越来越多的可操作性。本章运用富怡V8服装CAD系统，结合服装制板的具体操作实例循序渐进，让学生用较短的时间掌握并能熟练地运用服装CAD软件进行样板设计操作。

第一节　短裙制板

一、短裙款式效果图（图4-1）

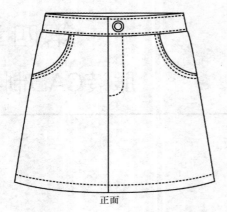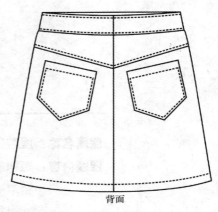

正面　　　　　　　　　　　　　　　背面

图4-1　短裙款式效果图

二、短裙规格尺寸表（表4-1）

表4-1　短裙规格尺寸表　　　　　　　　　单位：cm

号型 部位	S	M（基础板）	L	XL	档差
	155／64A	160／68A	165／72A	170／76A	
裙长	52.5	54	55.5	57	1.5
腰围	64	68	72	76	4
臀围	88	92	96	100	4
摆围	92	96	100	104	4

三、短裙CAD制板步骤

1.画结构图

（1）首先单击【号型】菜单→【号型编辑】，在设置号型规格表中输入尺寸（此操作有无均可）（图4-2）。

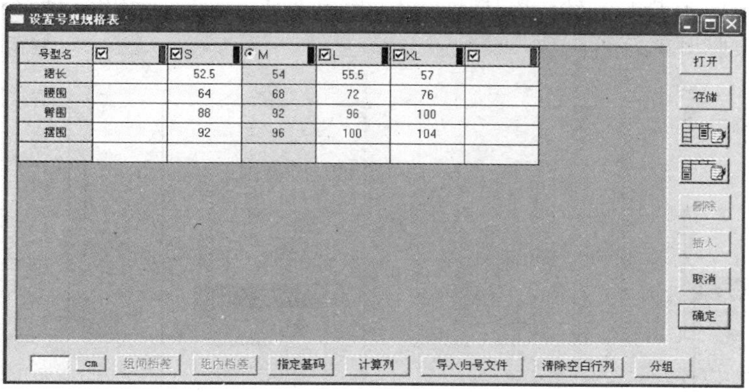

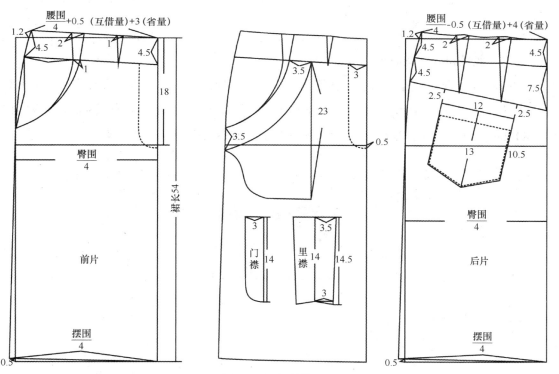

图4-2 设置号型规格表

（2）短裙结构图（图4-3）。

图4-3 短裙结构图

（3）画前片矩形（图4-4）。

选择 ✎【智能笔】工具，在空白处拖定出54cm×23cm的矩形，裙长54cm，前臀围23cm（计算公式：$\dfrac{臀围92cm}{4}$）。

（4）画平行线（前片臀围线）（图4-5）。

选择 【智能笔】工具，按住【Shift】键进入【平行线】功能，输入臀高18cm。按【确定】键即可画好前片臀围线。

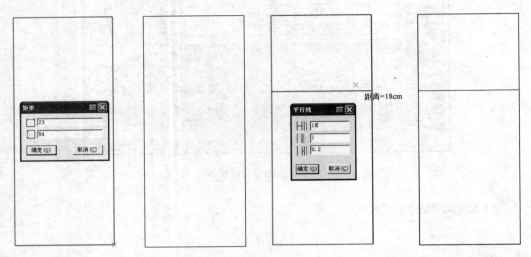

图4-4　画前片矩形　　　　　　　　图4-5　画前片臀围线

（5）画腰口线（图4-6）。

选择 【智能笔】工具，在腰围基础线前中点处按【Enter】键，出现【移动量】对话框，输入横向移动量-20.5cm（计算公式：$\dfrac{摆围68cm}{4}$+互借量0.5cm+省量3cm），纵向移动量1.2cm（1.2cm为起翘量），然后与腰围基础线前中点相连作为腰口线。

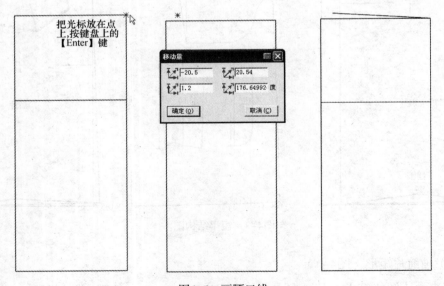

图4-6　画腰口线

（6）画侧缝线（图4-7）。

选择 【智能笔】工具连接侧缝线，在摆围基础线前中点处按【Enter】键，出现

【移动量】对话框，输入横向移动量24cm（计算公式：$\dfrac{摆围96cm}{4}$），纵向移动量0.5cm（0.5cm为起翘量）。选择 ![调整] 【调整】工具，调顺侧缝线。

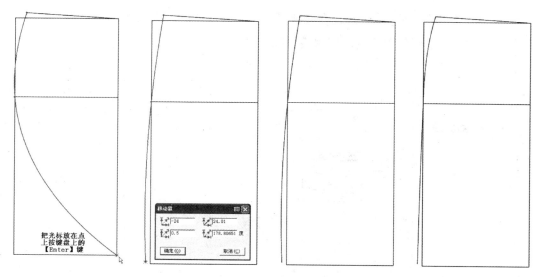

图4-7 画侧缝线

（7）画底边线（图4-8）。

选择 ![智能笔] 【智能笔】工具，连接底边线。选择 ![调整] 【调整】工具，调顺底边线。

（8）画腰头线（图4-9）。

选择 ![智能笔] 【智能笔】工具，按住【Shift】键进入【平行线】功能。输入腰头宽4.5cm，点击【确定】即可画好腰头线。

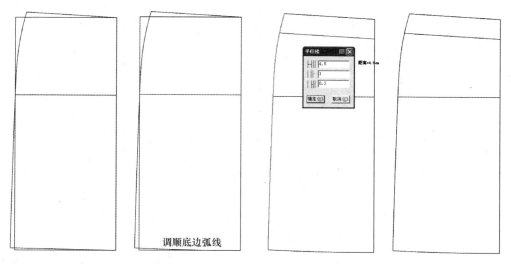

图4-8 画底边线　　　　　　　　　图4-9 画腰头线

（9）画袋口线（图4-10）。

①选择 ✐【智能笔】工具，在腰头线8cm与侧缝线12cm处相连。选择 ▷【调整】工具，调顺袋口线。

②选择 ✐【智能笔】工具，在腰头线1cm（1cm为袋口松量）与侧缝线12cm处相连。然后选择 ▷【调整】工具，调顺袋口线。

图4-10　画袋口线

（10）画腰省。

①如图4-11所示，选择 ✐【智能笔】工具，在腰围线上画一个2cm宽的腰省。

②如图4-12所示，选择 ✐【智能笔】工具，按住【Shift】键，进入【三角板】功能，在腰围线上画垂直线5cm。选择 ✐【智能笔】工具，按住【Shift】键，进入【开

省】功能。先框选腰围线，再框选或点选省线，出现【省宽】对话框后输入1cm，最后调顺腰围线。

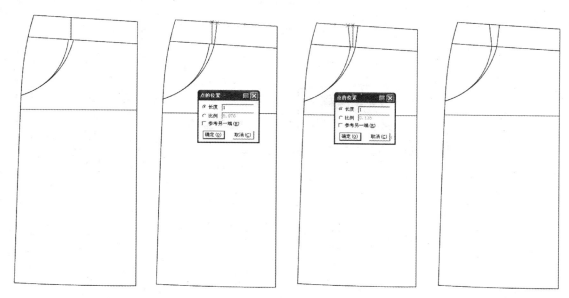

图4-11　画腰省步骤1

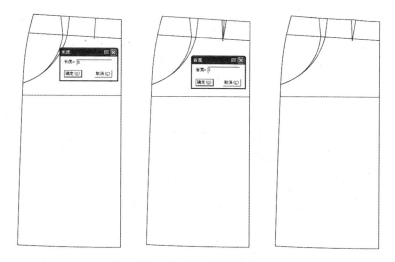

图4-12　画腰省步骤2

（11）画门襟线（图4-13）。

①选择 ✎【智能笔】工具，在腰头线3cm处画垂直线相交至臀围线，前中线臀围下0.5cm处与垂直线4cm处相连。

②选择 ✎【智能笔】工具，框选两条门襟基础线，按鼠标右键结束，即可完成连角处理。选择 ▶【调整】工具，调顺门襟线。将线型框 ----- ▼ 改为虚线，选择 〰〰〰【设

置线的颜色类型】工具点击门襟线，这时门襟线变为虚线。

（12）画袋口贴线（图4-14）。

选择 【智能笔】工具，按住【Shift】键，进入【平行线】功能。输入袋口贴3.5cm，单击【确定】即可画好腰头线。

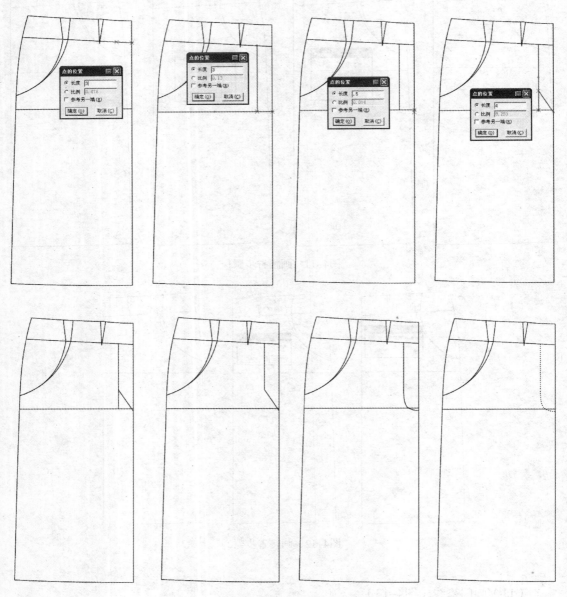

图4-13　画门襟线

（13）画袋布线（图4-15）。

选择 【智能笔】工具，画一条长23cm的垂直线，然后以此为端点画一条与袋贴线端点相连的线段。选择 【调整】工具，调顺袋布线。

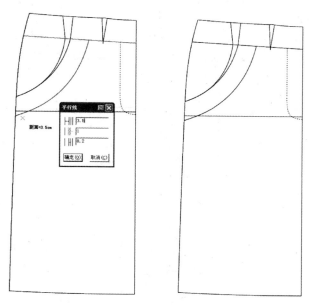

图4-14 画袋口贴线

（14）画后片基础线（图4-16）。

选择 【移动】工具，按住【Shift】键，进入【复制】功能，复制前片基础线作为后片基础线。

（15）画腰头线（图4-17）。

选择 【智能笔】工具，按住【Shift】键，进入【平行线】功能。输入腰头宽4.5cm。点击【确定】即可画好腰头线。

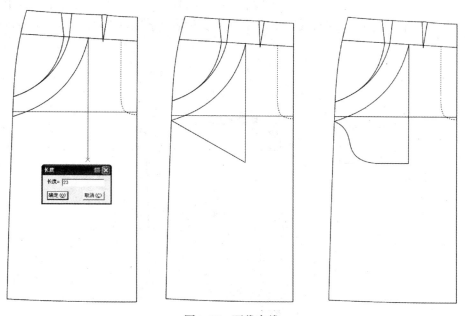

图4-15 画袋布线

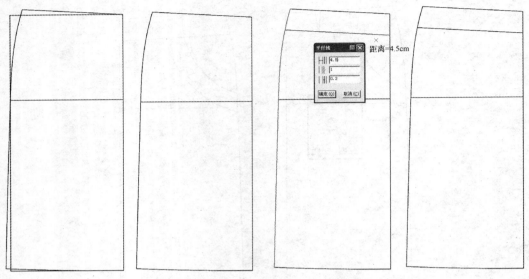

图4-16　画后片基础线　　　　　　　图4-17　画腰头线

（16）画育克线（图4-18）。

选择 【智能笔】工具，在侧缝线4cm处画一条线与后中线7.5cm处相连作为育克线。

（17）画腰省。

①如图4-19所示，选择 【智能笔】工具，按住【Shift】键，进入【三角板】功能。在腰围线1/3处画一条长10cm的垂直线。使用同样方法再画一条垂直线11cm。

②如图4-20所示，选择 【智能笔】工具，按住【Shift】键，进入【开省】功能。先框选腰围线，再框选或点选省线，出现【省宽】对话框后输入2cm，然后调顺腰围线。

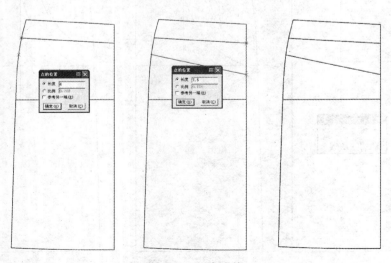

图4-18　画育克线

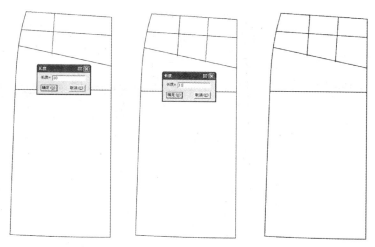

图4-19　画省线

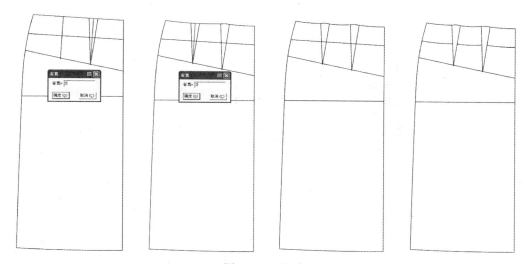

图4-20　画腰省

（18）画后贴袋。

①如图4-21所示，选择 ![icon]【智能笔】工具，按住【Shift】键，进入【平行线】功能。输入平行线宽2.5cm，点击【确定】即可画好腰头线。选择 ![icon]【比较长度】工具，测量出平行线长度为23.06cm。

②如图4-22所示，选择 ![icon]【智能笔】工具，按住【Shift】键，点击平行线，在【调整曲线长度】对话框中输入-5.53cm（计算方法：$\dfrac{\text{平行线长23.06cm-袋口宽12cm}}{2}$）。

③如图4-23所示，选择 ![icon]【智能笔】工具，按住【Shift】键，进入【三角板】功能。从袋口线中点处画一条垂直线13cm。用同样方法在袋口线两端分别画一条长10.5cm的垂直线。

④如图4-24所示，选择 ![icon]【智能笔】工具画贴袋，将线型 ![icon] 框改为虚线。选择 ![icon]【设置线的颜色类型】工具，点击贴袋内绲线，将绲线变为虚线。

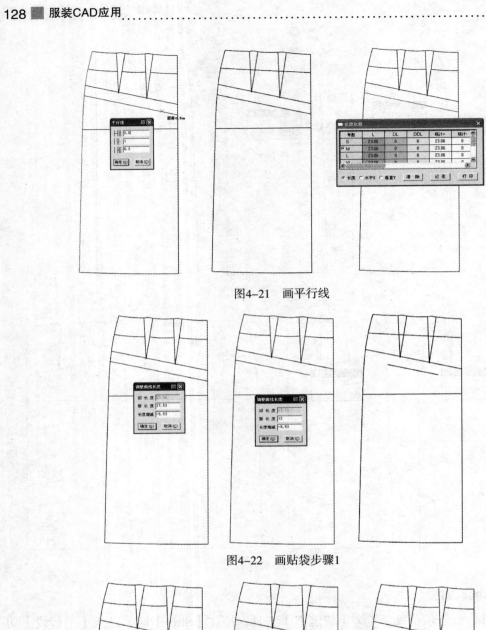

图4-21　画平行线

图4-22　画贴袋步骤1

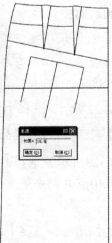

图4-23　画贴袋步骤2

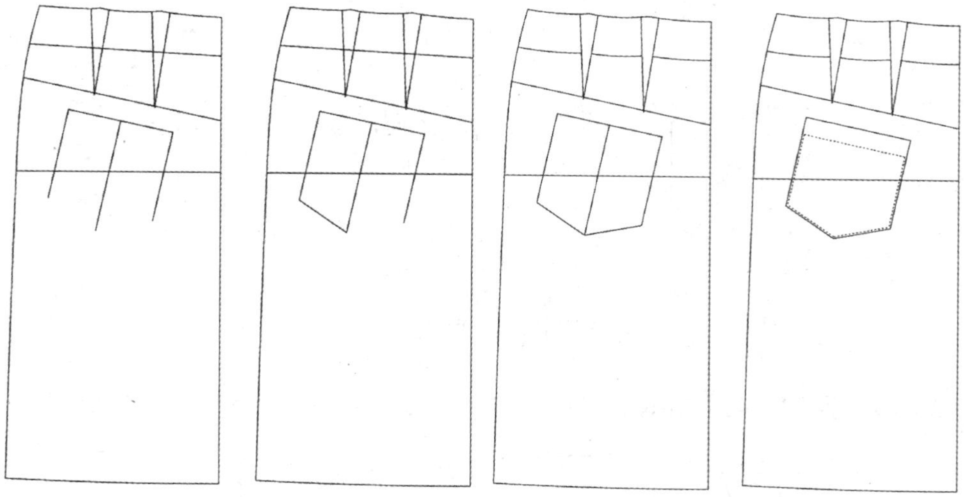

图4-24 画贴袋步骤3

2.样板处理

（1）前左腰头、前右腰头样板处理（图4-25）。

①选择【移动】工具，按住【Shift】键，进入【复制】功能，将前腰头部分复制到空白处。选择【智能笔】工具中的【连角】功能进行连角处理；也可用【剪断线】工具将不要的线段剪断后，用【橡皮擦】工具删除。

②选择【移动】工具，按住【Shift】键，进入【移动】功能，将A、B、C三个块面以省尖为准重合在一起，如图4-25所示。

③选择【旋转】工具，按住【Shift】键，进入【旋转】功能，旋转合并腰省。

④选择【剪断线】工具，依次点击腰头线的三段线，然后按右键结束；将三段线合并为一条线。

⑤选择【调整】工具，调顺腰头线。（注意：腰头线的调整控制点不宜多。多了弧线不宜调顺，可以将光标放在调整控制点上按【Delete】键删除。）选择【智能笔】工具，画好前右腰头的搭门位置。

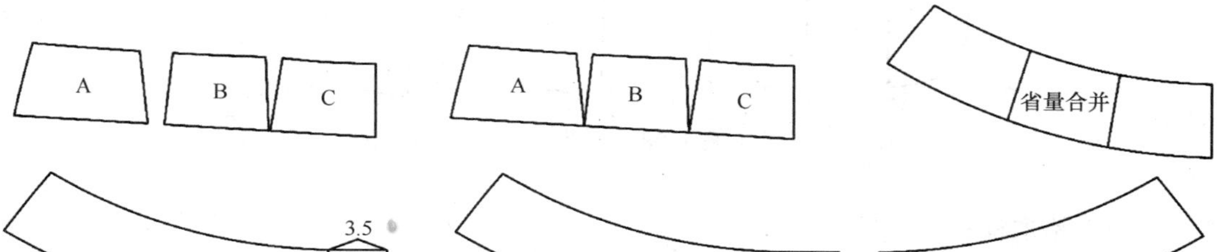

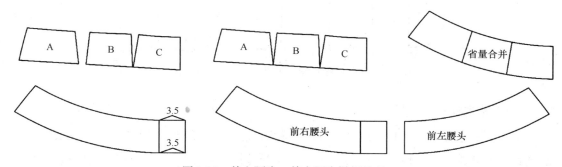

图4-25 前左腰头、前右腰头样板处理

（2）参照前面所学的知识，如图4-26所示，做好后腰头、后育克样板处理。

图4-26　后腰头、后育克样板处理

（3）参照前面所学的知识，如图4-27所示，做好袋口贴、袋布样板处理。

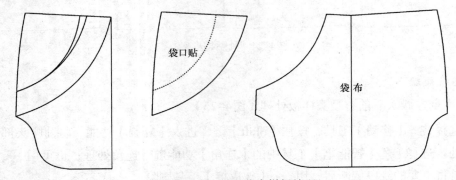

图4-27　袋口贴、袋布样板处理

（4）门襟、里襟（图4-28）样板。

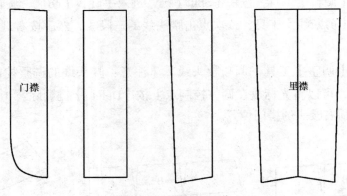

图4-28　门襟、里襟

（5）拾取样板。

选择 [✂]【剪刀】工具，拾取纸样的外轮廓线及对应纸样的省中线；单击右键切换成拾取衣片辅助线工具，拾取内部辅助线。选择 [✏]【布纹线】工具，调整布纹线。

（6）选择 [▱]【加缝份】工具，将工作区的所有纸样统一加1cm缝份量，然后将前片、后片底边线、后贴袋上口线缝份量均修改为3cm。

（7）如图4-29所示，选择 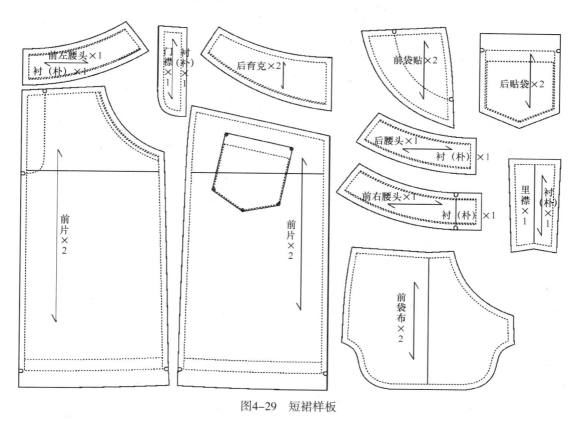 【剪口】工具，将所需部位打剪口。选择 【钻孔】工具，在后贴位置上打标记。

图4-29　短裙样板

第二节　铅笔裤制板

一、铅笔裤款式效果图（图4-30）

正面　　　　　背面

图4-30　铅笔裤款式效果图

二、铅笔裤规格尺寸表（表4-2）

表4-2　铅笔裤规格尺寸表　　　　　　　　　　　　　单位：cm

部位＼号型	S	M(基础板)	L	XL	档差
	155 / 64A	160 / 68A	165 / 72A	170 / 76A	
裤长	95	98	101	104	3
腰围	66	70	74	78	4
臀围	88	92	96	100	4
前裆（不含腰）	20.1	21	21.9	22.8	0.9
后裆（不含腰）	29.6	30.6	31.6	32.6	1
横裆宽	53.7	56.2	58.7	61.2	2.5
膝围	36	38	40	42	2
裤口	24	26	28	30	2

三、铅笔裤CAD制板步骤

1.画结构图

（1）首先单击【号型】菜单→【号型编辑】，在设置号型规格表中输入尺寸（此操作有无均可）（图4-31）。

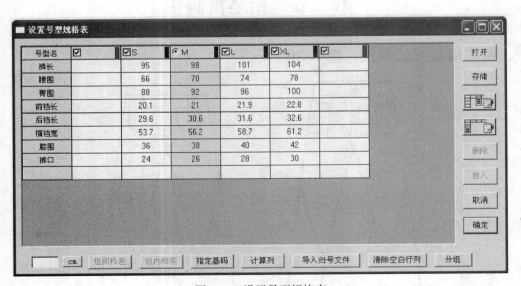

图4-31　设置号型规格表

（2）铅笔裤结构图（图4-32）。

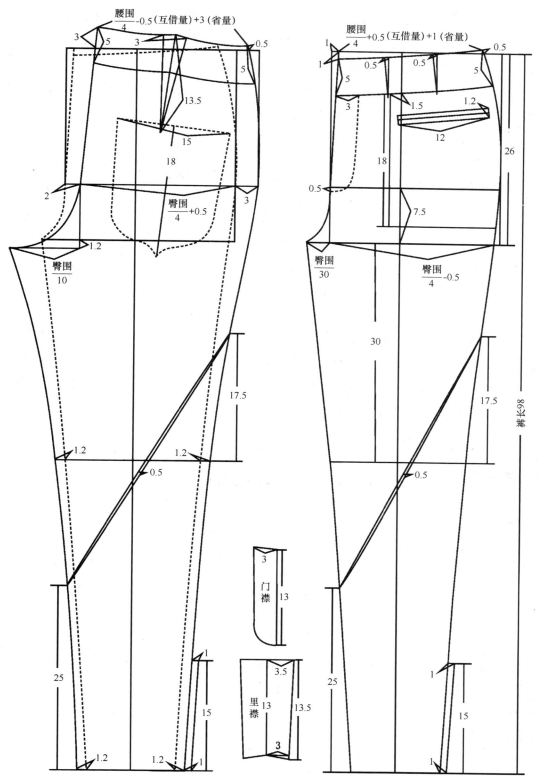

图4-32　铅笔裤结构图

（3）画前片矩形（图4-33）。

选择 【智能笔】工具，在空白处拖定出2.6cm×22.5cm的矩形，长度26cm（计算公式：$\dfrac{臀围92cm}{4}$+3cm），宽度22.5cm（计算公式：$\dfrac{臀围92cm}{4}$－互借量0.5cm）。

（4）画平行线（前片臀围线）（图4-34）。

选择【智能笔】工具，按住【Shift】键，进入【平行线】功能。输入平行宽度7.5cm，点击【确定】即可画好前片臀围线。

  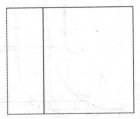

图4-33　画前片矩形　　　　　　　　　　图4-34　前片臀围线

（5）处理横裆线。

①如图4-35所示，选择【智能笔】工具，按住【Shift】键，进入【调整曲线长度】功能。输入长度增减量3.07cm（计算方法：$\dfrac{臀围92cm}{30}$），单击【确定】即可。

②如图4-36所示，选择【智能笔】工具，按住【Shift】键，进入【调整曲线长度】功能。输入长度增减量-0.8cm（0.8cm为劈势量），单击【确定】即可。

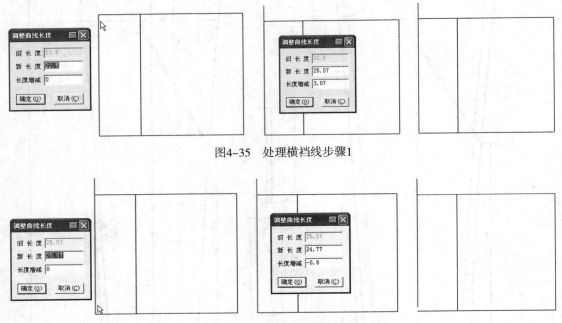

图4-35　处理横裆线步骤1

图4-36　处理横裆线步骤2

（6）画中缝线。

①如图4-37所示，在等分数值框 [2] 中输入2，选择 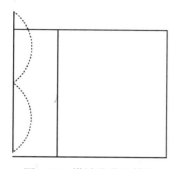【等分规】工具，点击横裆线，将横裆线分成两等份。

②如图4-38所示，选择 【智能笔】工具，从横裆线中点处画一条水平线相交至腰围基础线。

③如图4-39所示，选择 【智能笔】工具，按住【Shift】键，进入【调整曲线长度】功能。输入长度增减量72cm（计算方法：裤长98cm-26cm），单击【确定】即可。

图4-37　横裆线分两等份

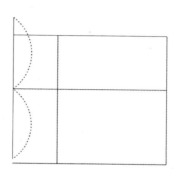

图4-38　画中缝线步骤1

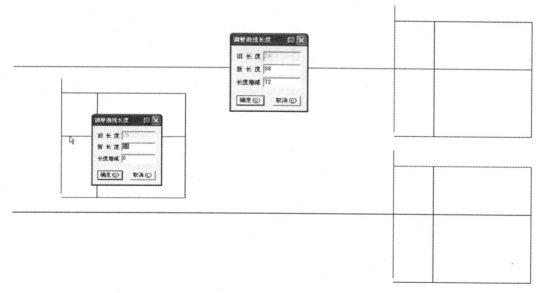

图4-39　画中缝线步骤2

（7）画裤口线。

如图4-40所示，选择 【智能笔】工具，画一条垂直线5.9cm（计算方法：$\frac{裤口26cm}{4}$ -互借量0.6cm）为裤口线。

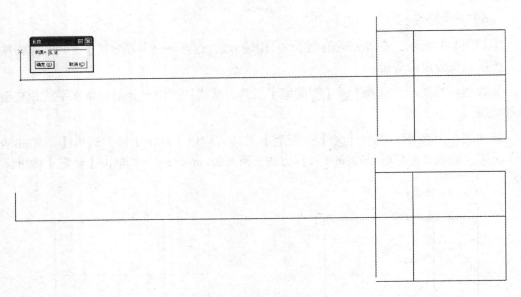

图4-40　画裤口线

（8）画膝围线。

①如图4-41所示，选择 【智能笔】工具，按住【Shift】键，进入【平行线】功能。输入平行宽度30cm，单击【确定】即可。

②如图4-42所示，选择 【比较长度】工具，测量出膝围线长度为12.39cm。

③如图4-43所示，选择 【智能笔】工具按住【Shift】键，进入【调整曲线长度】功能。输入新长度量8.9cm（计算方法：$\dfrac{膝围38cm}{4}$ —互借量0.6cm），单击【确定】即可。

图4-41　画膝围线步骤1

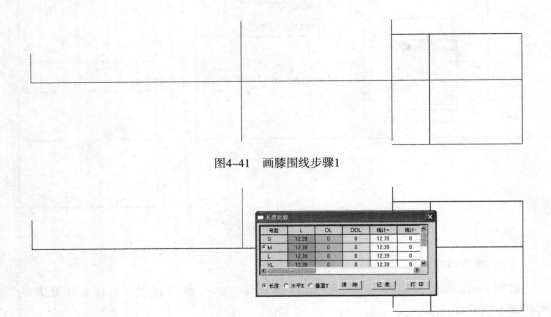

图4-42　画膝围线步骤2

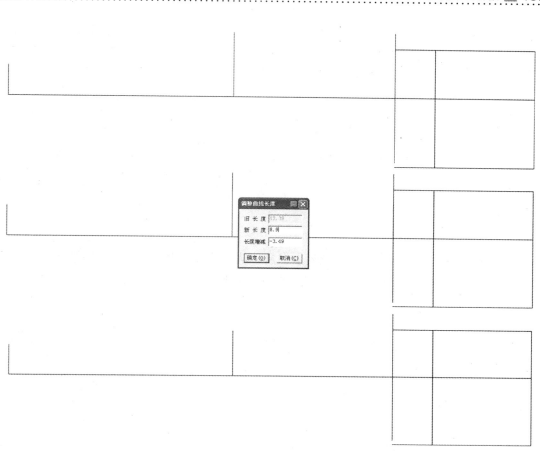

图4-43　画膝围线步骤3

（9）画内侧缝线。

如图4-44所示，选择 【智能笔】工具，从裤口线端点经膝围线端点，与横裆线端点相连，为内侧缝线。选择 【调整】工具，调顺内侧缝线。

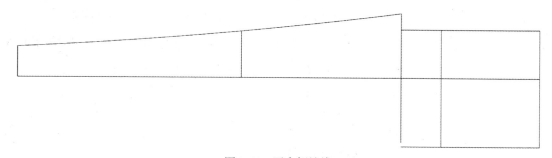

图4-44　画内侧缝线

（10）对称复制内侧缝线。

如图4-45所示，选择 【对称】工具，按住【Shift】键，进入【复制】功能，将内侧缝线对称复制。

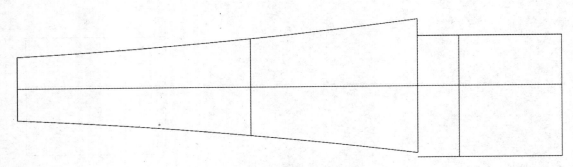

图4-45 对称复制内侧缝线

（11）画前裆弧线。

如图4-46所示，选择 ✐【智能笔】工具，从横裆线端点经臀围线前中端点与腰围基础线1cm处相连。选择 ▶【调整】工具，调顺前裆弧线。

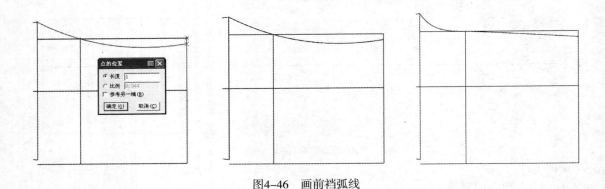

图4-46 画前裆弧线

（12）画腰口线。

如图4-47所示，选择 ✐【智能笔】工具，在前裆弧线1cm处开始画腰口线。在前裆弧线1cm处按【Enter】键，出现【移动量】对话框，输入横向移动量-19cm（计算公式：$\dfrac{腰围70cm}{4}$+互借量0.5cm+省量1cm）、纵向移动量0.5cm（0.5cm为起翘量），然后与前裆弧线1cm处相连作为腰口线。最后，选择 ▶【调整】工具，调顺腰口线。

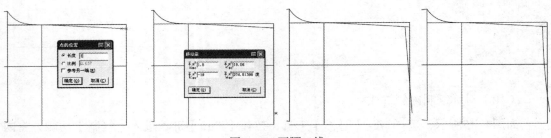

图4-47 画腰口线

（13）画侧缝线横裆线以上部分。

如图4-48所示，选择 【智能笔】工具，从腰口线端点经臀围线侧缝端点与横裆线端点相连，为侧缝线的横裆线以上部分。选择【调整】工具，调顺侧缝线的横裆线以上部分。选择【剪断线】工具，依次点击侧缝线的两段线，然后按右键结束，将两段线合并为一条线。

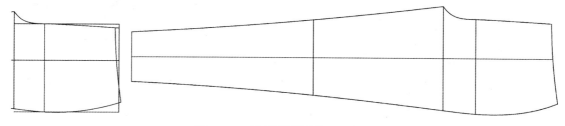

图4-48　画侧缝线横裆线以上部分

（14）画腰头线。

如图4-49所示，选择【智能笔】工具，按住【Shift】键，进入【平行线】功能，输入平行线宽5cm。

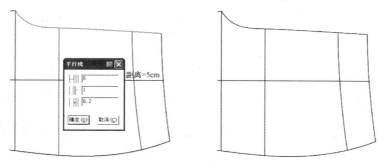

图4-49　画腰头线

（15）画腰省。

①如图4-50所示，选择【智能笔】工具，按住【Shift】键，进入【三角板】功能。分别从腰口线三等分处画长5.5cm的垂直线。

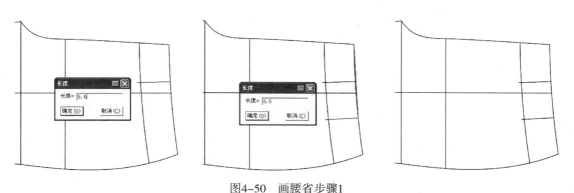

图4-50　画腰省步骤1

②如图4-51所示，选择 【智能笔】工具按住【Shift】键，进入【开省】功能。先框选腰围线，再框选或点选省线，出现【省宽】对话框后输入0.5cm，最后调顺腰口线。

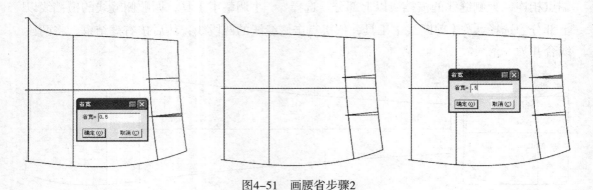

图4-51　画腰省步骤2

（16）画门襟线。

①如图4-52所示，选择 【智能笔】工具，在腰头线3cm处画垂直线相交至臀围线，前中线臀围下0.5cm处与垂直线4cm相连。

②如图4-53所示，选择 【智能笔】工具，框选两条门襟基础线，按鼠标右键结束即可完成连角处理。选择 【调整】工具，调顺门襟线。将线型框 ┊----- ┊ 改为虚线，选择 【设置线的颜色类型】工具，点击门襟线，这时门襟线即变为虚线。

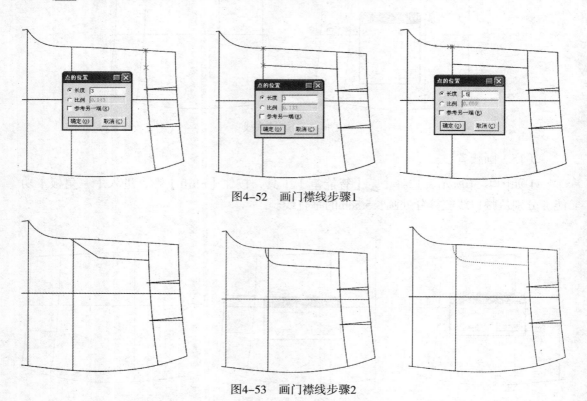

图4-52　画门襟线步骤1

图4-53　画门襟线步骤2

（17）画袋布线。

如图4-54所示，选择 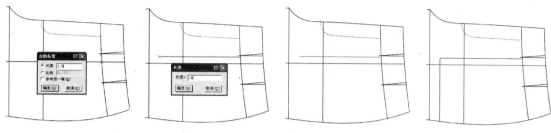【智能笔】工具，在腰头线1.5cm处画一条长18cm的水平线，然后依此画一条垂直线相交至侧缝线。

图4-54　画袋布线

（18）画袋口。

①如图4-55所示，选择【智能笔】工具，按住【Shift】键，进入【平行线】功能。输入平行宽度3cm，单击【确定】即可。选择【调整】工具，将光标放在平行线的弧线控制点上，按【Enter】键删除弧线控制点。选择【智能笔】工具，按住【Shift】键，进入【平行线】功能。输入平行宽度1.2cm，单击【确定】即可。

②如图4-56所示，选择【比较长度】工具，测量出平行线长度为14.36cm。选择【智能笔】工具，按住【Shift】键，进入【调整曲线长度】功能。输入长度增减量-1.18cm（计算方法：$\dfrac{平行线长14.36cm-袋口宽12cm}{2}$），单击【确定】即可。

③如图4-57所示，选择【智能笔】工具，画好袋口线。

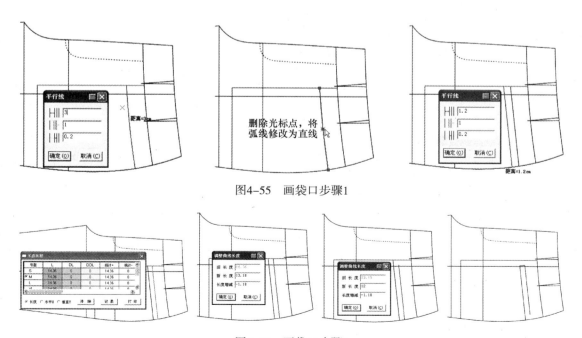

图4-55　画袋口步骤1

图4-56　画袋口步骤2

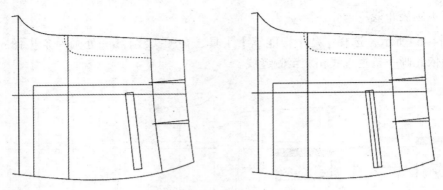

图4-57　画袋口步骤3

（19）画衩位。

①如图4-58所示，选择 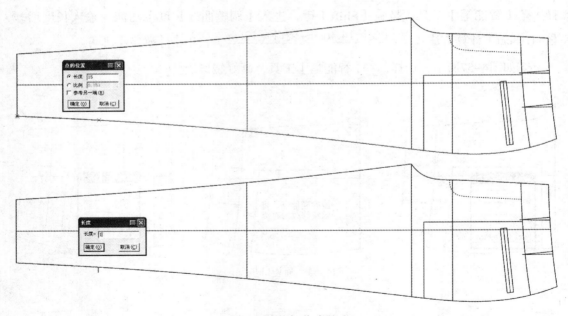【智能笔】工具，按住【Shift】键，进入【三角板】功能，在侧缝线15cm处画垂直线1cm。

②如图4-59所示，选择【智能笔】工具，按住【Shift】键，进入【三角板】功能，在裤口线处画垂直线1cm，然后使用【智能笔】工具画好衩位。

图4-58　画衩位步骤1

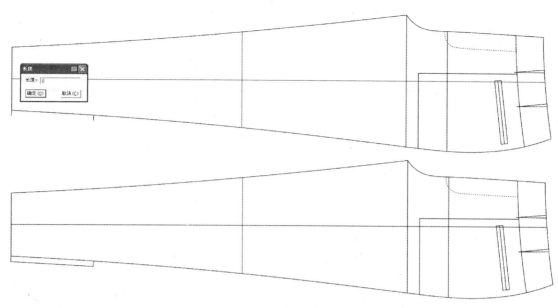

图4-59　画衩位步骤2

（20）画分割线。

①如图4-60所示，选择 【智能笔】工具，在内侧缝线25cm处与侧缝线59.5cm处相连。选择【调整】工具，将分割线调整至稍有弧度。

②如图4-61所示，选择【智能笔】工具，在内侧缝线25cm处与侧缝线59.5cm处相连。选择【调整】工具，将分割线调整至稍有弧度。

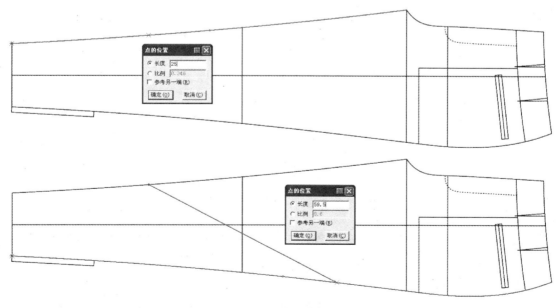

图4-60　画分割线步骤1

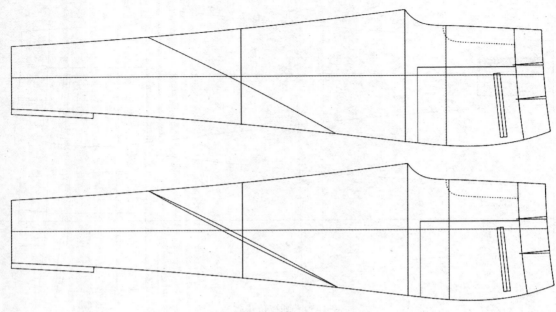

图4-61　画分割线步骤2

（21）复制前片基础线。

如图4-62所示，选择 ⊟⊟【移动】工具，按住【Shift】键，进入【复制】功能，将前片基础线复制到空白处。将线型框 ----- ▼ 改为虚线，选择 ▒▒▒【设置线的颜色类型】工具，点击要修改线型的线段即改变为虚线。

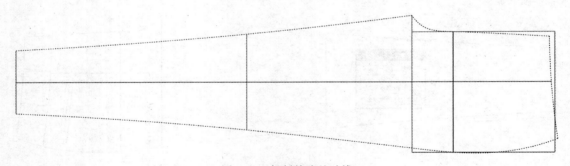

图4-62　复制前片基础线

（22）画裤口线。

如图4-63所示，选择 ✎【智能笔】工具，按住【Shift】键，进入【调整曲线长度】功能，输入长度增减量1.2cm（1.2cm为互借量），单击【确定】即可。

（23）画膝围线。

如图4-64所示，选择 ✎【智能笔】工具，按住【Shift】键，进入【调整曲线长度】功能，输入长度增减量1.2cm（1.2cm为互借量），单击【确定】即可。

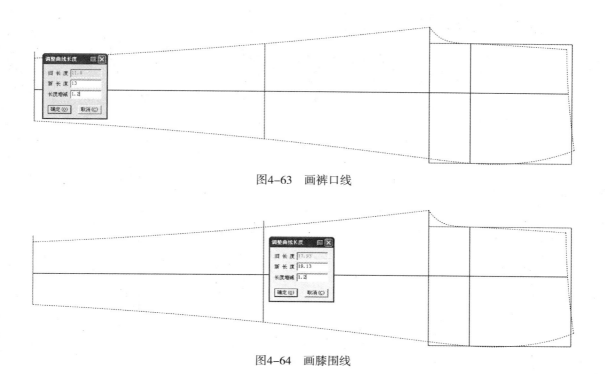

图4-63　画裤口线

图4-64　画膝围线

（24）调整后片臀围线。

如图4-65所示，选择 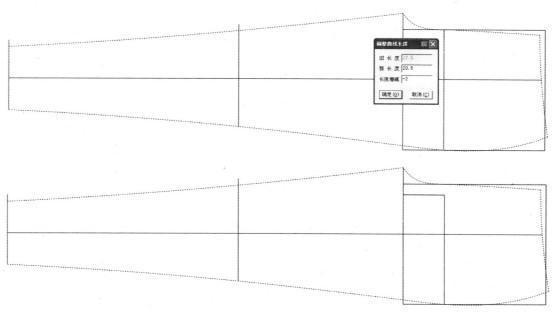【智能笔】工具，按住【Shift】键，进入【调整曲线长度】功能。输入长度增减量-2cm，单击【确定】即可。选择【智能笔】工具，依此绘制一条水平线相交至横裆线。

图4-65　调整后片臀围线

（25）画后片小裆线。

①如图4-66所示，选择　【智能笔】工具，按住【Shift】键，进入【调整曲线长度】功能。输入长度增减量1.2cm，单击【确定】即可。

②如图4-67所示，选择　【智能笔】工具，从水平线端点画一条垂直线9.2cm（计算方法：$\dfrac{臀围92cm}{10}$）。

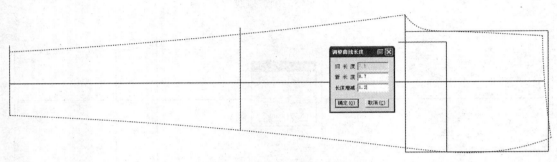

图4-66　画后片小裆线步骤1

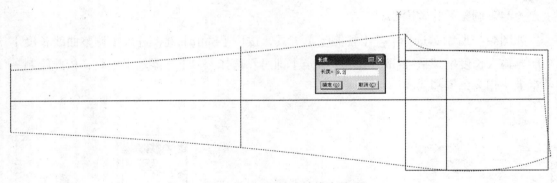

图4-67　画后片小裆线步骤2

（26）画内侧缝线。

如图4-68所示，选择　【智能笔】工具，从裤口线端点经膝围线端点与横裆线端点相连。选择　【调整】工具，调顺内侧缝线。

（27）画后裆弧线。

①如图4-69所示，选择　【智能笔】工具，从横裆线端点与臀围线后中端点相连。选择【调整】工具，调顺后裆弧线。

②如图4-70所示，选择　【智能笔】工具，从臀围线后中端点与腰围线3.9cm处相连。选择　【智能笔】工具，按住【Shift】键，进入【调整曲线长度】功能。输入长度增减量3cm，单击【确定】即可。

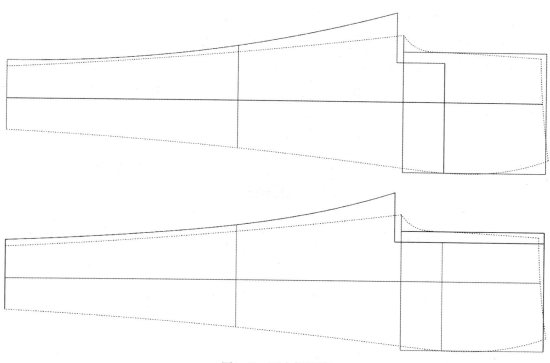

图4-68　画内侧缝线

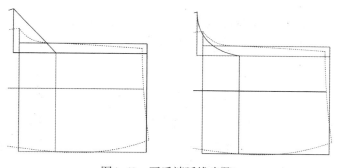

图4-69　画后裆弧线步骤1

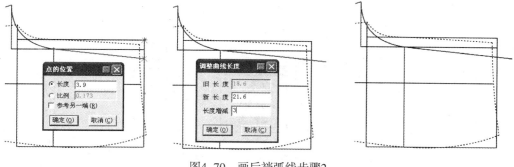

图4-70　画后裆弧线步骤2

（28）画腰口线。

如图4-71所示，选择 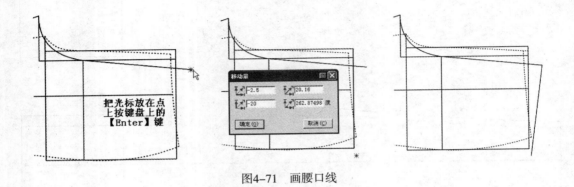【智能笔】工具，在后裆弧线端点按【Enter】键，出现【移动量】对话框，输入横向移动量-20cm（计算公式：$\dfrac{腰围70cm}{4}$-互借量0.5cm+省量3cm）、纵向移动量-2.5cm，然后与后裆弧线端点相连作为腰口线。

图4-71　画腰口线

（29）调整臀围线。

如图4-72所示，选择 【智能笔】工具，按住【Shift】键，进入【调整曲线长度】功能。输入长度增减量3cm，单击【确定】即可。

（30）调整膝围线。

如图4-73所示，选择 【智能笔】工具，按住【Shift】键，进入【调整曲线长度】功能。输入长度增减量1.2cm，单击【确定】即可。

图4-72　调整臀围线

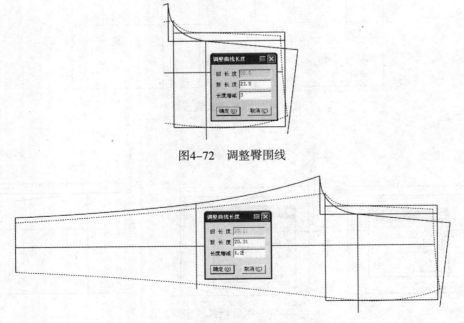

图4-73　调整膝围线

（31）调整裤口线。

如图4-74所示，选择 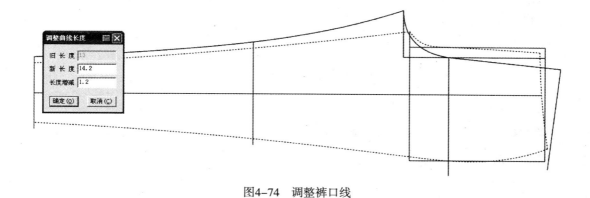【智能笔】工具，按住【Shift】键，进入【调整曲线长度】功能。输入长度增减量1.2cm，单击【确定】即可。

图4-74　调整裤口线

（32）画侧缝线。

如图4-75所示，选择 【智能笔】工具，从裤口线端点经膝围线端点和臀围线端点与腰口线端点相连为侧缝线。选择 【调整】工具，调顺侧缝线。

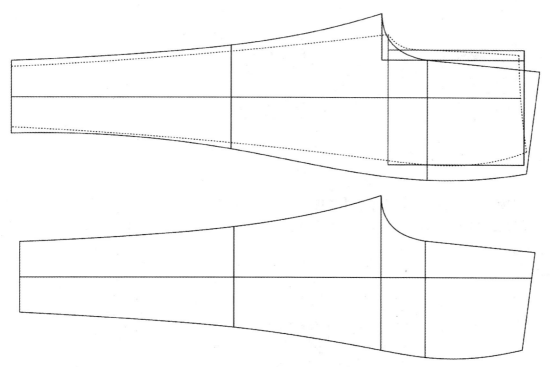

图4-75　画侧缝线

（33）画腰省。

如图4-76所示，选择 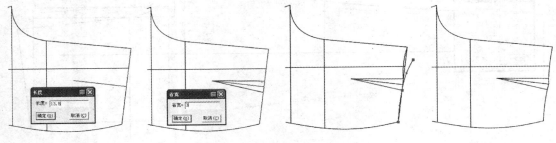【智能笔】工具，按住【Shift】键，进入【三角板】功能，在腰口线中点画一条垂直线13.5cm。选择【智能笔】工具，按住【Shift】键，进入【开省】功能。先框选腰围线，再框选或点选省线，出现【省宽】对话框后输入3cm。最后，调顺腰口线。

图4-76 画腰省

（34）画腰头线。

如图4-77所示，选择【智能笔】工具，按住【Shift】键，进入【平行线】功能。输入腰头宽5cm，单击【确定】即可画好腰头线。

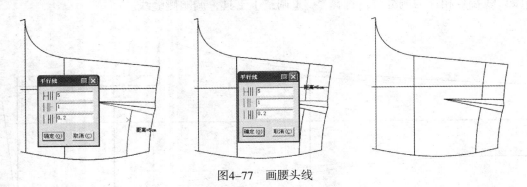

图4-77 画腰头线

（35）画后贴袋。

①如图4-78所示，选择【智能笔】工具将腰头宽两端相连成一条直线。选择【智能笔】工具，按住【Shift】键，进入【平行线】功能。输入平行线距离宽7cm，单击【确定】即可。

图4-78 画贴袋步骤1

②如图4-79所示，选择 <img_1 />【比较长度】工具，测量出平行线长度为22.93cm。选择 ✎【智能笔】工具，按住【Shift】键，进入【调整曲线长度】功能。输入长度增减量-3.96cm（计算方法：$\dfrac{\text{平行线长22.93cm-袋口宽15cm}}{2}$），单击【确定】即可。

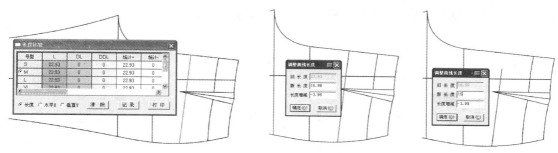

图4-79　画贴袋步骤2

③如图4-80所示，选择 ✎【智能笔】工具，按住【Shift】键，进入【三角板】功能，在袋口线中点画一条垂直线18cm。选择 ✎【智能笔】工具，按住【Shift】键，进入【三角板】功能，在袋口线端点画一条垂直线14.5cm。

④如图4-81所示，选择 ✎【智能笔】工具，完成贴袋基础线。

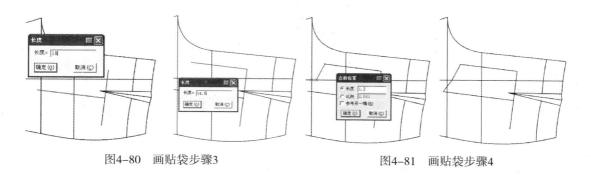

图4-80　画贴袋步骤3　　　　　　　图4-81　画贴袋步骤4

⑤如图4-82所示，选择 ◣【圆角】工具，按住【Shift】键，进入【顺滑连角】功能，处理贴袋下口。将线型框 ----- ▾ 改为虚线，选择 〰【设置线的颜色类型】工具，点击贴袋线即变为虚线。

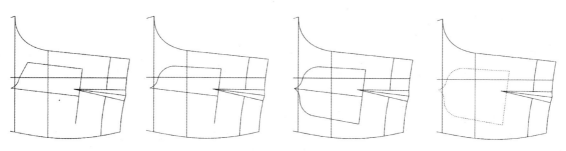

图4-82　画贴袋步骤4

（36）画衩位。

①如图4-83所示，选择　【智能笔】工具，按住【Shift】键，进入【三角板】功能，在侧缝线15cm处画1cm长的垂直线。

②如图4-84所示，选择　【智能笔】工具，按住【Shift】键，进入【三角板】功能。在裤口线处画1cm长的垂直线，然后用　【智能笔】画好衩位。

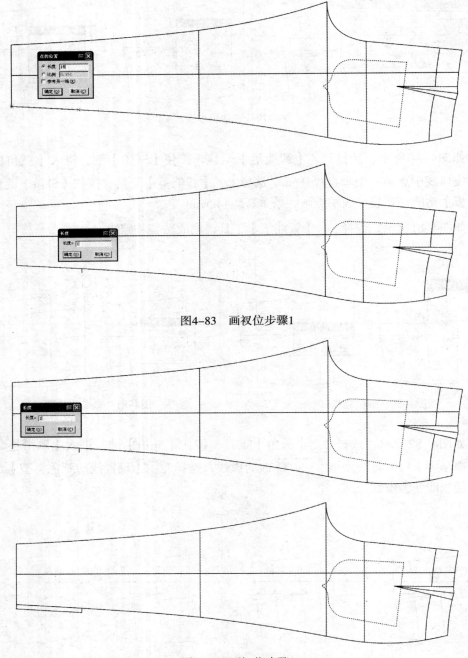

图4-83　画衩位步骤1

图4-84　画衩位步骤2

（37）画分割线

①如图4-85所示，选择 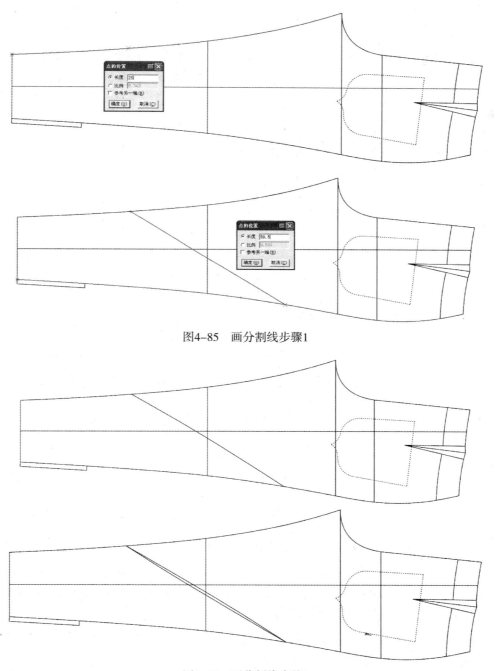【智能笔】工具，在内侧缝线25cm处与侧缝线59.5cm处相连。选择【调整】工具，将分割线调整至稍有弧度。

②如图4-86所示，选择【智能笔】工具，在内侧缝线25cm处与侧缝线59.5cm处相连。选择【调整】工具，将分割线调整至稍有弧度。

图4-85　画分割线步骤1

图4-86　画分割线步骤2

2.样板处理

（1）前左腰头、前右腰头样板处理（图4-87）。

①选择 ⊞【移动】工具，按住【Shift】键，进入【复制】功能，将前腰头部分复制到空白处。选择 ↖【智能笔】工具中的【连角】功能进行连角处理；也可用 ✂【剪断线】工具将不要的线段剪断后，选择 ✐【橡皮擦】工具删除。

②选择 ⊞【移动】工具，按住【Shift】键，进入【移动】功能，将A、B、C三部分以省尖点为准重合在一起。

③选择 ⟲【旋转】工具，按住【Shift】键，进入【旋转】功能，旋转合并腰省。

④选择 ✂【剪断线】工具，依次点击腰头线的三段线，然后按右键结束，将三段线合并为一条线。

⑤选择 ↖【调整】工具，将腰头线调顺。（注意：腰头线的调整控制点不宜过多。多了弧线不宜调顺，可以将光标放在调整控制点上按【Delete】键删除。）选择 ✐【智能笔】工具，画好前右腰头的搭门位置。

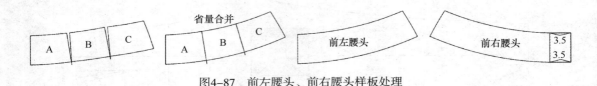

图4-87 前左腰头、前右腰头样板处理

（2）后腰头样板处理（图4-88）。

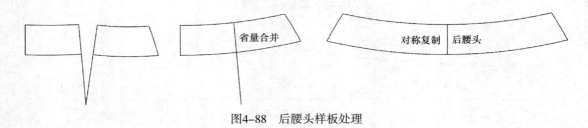

图4-88 后腰头样板处理

（3）门襟、里襟样板（图4-89）。

（4）拾取样板。

选择 ✂【剪刀】工具，拾取纸样的外轮廓线及对应纸样的省中线；单击右键切换成拾取衣片辅助线工具，拾取内部辅助线。选择 🖑【布纹线】工具，调整布纹线。

（5）选择 ▱【加缝份】工具，将工作区的所有纸样统一增加1cm缝份量，然后将前片、后片裤口线和后贴袋上口线缝份量修改为3cm。

（6）如图4-90所示，选择 ▨【剪口】工具，将所需部位打剪口。选择 ⊞【钻孔】工具，在后贴位置上打标记。

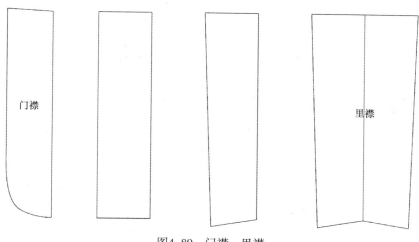

图4-89 门襟、里襟

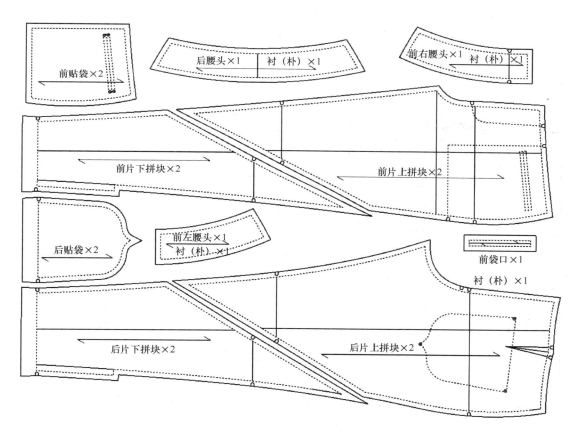

图4-90 铅笔裤样板

第三节　女衬衫制板

一、女衬衫款式效果图（图4-91）

正面　　　　　　　　　　　　　　背面

图4-91　女衬衫款式效果图

二、女衬衫规格尺寸表（表4-3）

表4-3　女衬衫规格尺寸表　　　　　　　单位：cm

号型\部位	S	M(基础板)	L	XL	档差
	155 / 80A	160 / 84A	165 / 88A	170 / 92A	
衣长	54.5	56	57.5	59	1.5
肩宽	37	38	39	40	1
领围	35	36	37	38	1
胸围	88	92	96	100	4
腰围	72	76	80	84	4
摆围	89	93	97	101	4
袖长	17.5	18	18.5	19	0.5
袖肥	30.8	32	33.2	34.4	1.2
袖口	30	31	32	33	1

三、女衬衫CAD制板步骤

1.画结构图

（1）首先单击【号型】菜单→【号型编辑】，在设置号型规格表中输入尺寸（此操作有无均可）（图4-92）。

图4-92　设置号型规格表

（2）运用我们前面所学的知识完成女装上衣原型结构图，将女装上衣原型结构图作为基础模板来绘制女衬衫结构图（注意：胸围计算方法是 $\frac{胸围84cm}{8}+4cm$，其他部位计算方法不变）。

①选择 【旋转】工具，按住【Shift】键进入【旋转】功能。将后片肩省量的 $\frac{2}{3}$ 部分转移至后袖窿作为吃势量， $\frac{1}{3}$ 的肩省量保留在肩缝线作为吃势量（具体操作步骤可参照第三章中的详细介绍）。

②把线型改变为虚线 ，选择 【设置线的颜色类型】工具，点击女装上衣原型结构线，将其改变为虚线显示（图4-93）。

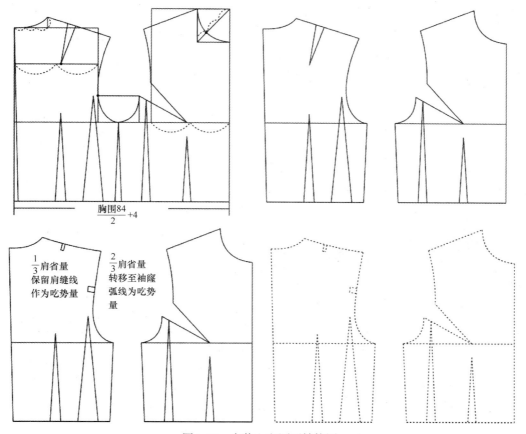

图4-93　女装上衣原型结构图

（3）如图4-94所示，画好女衬衫结构基础线。

（4）画后片侧缝线和底边线（图4-95）。

①选择 ✎【智能笔】工具，从后片袖窿深点经腰围线1.6cm处与侧缝线基础线0.5cm处相连为侧缝线。

②选择 ✎【智能笔】工具，画好底边线。选择 ➤【调整】工具，调顺后片侧缝线和底边线。

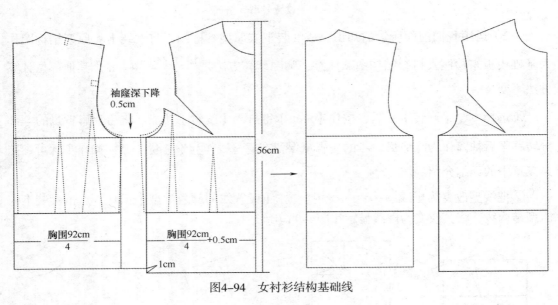

图4-94 女衬衫结构基础线

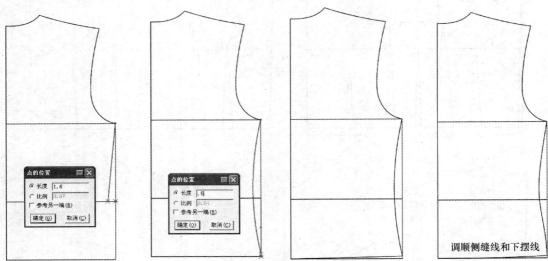

图4-95 画后片侧缝线和底边线

（5）画后片分割线。

①选择 ✎【智能笔】工具，在后袖窿弧线12cm处开始画分割线。

②如图4-96所示，选择 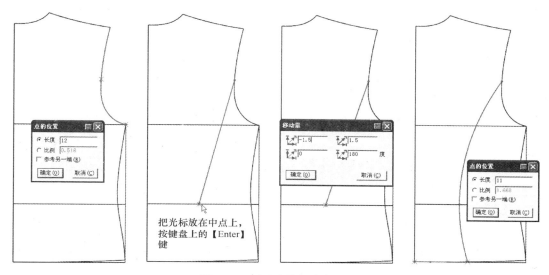【智能笔】工具，在后片腰围线中心点处按【Enter】键，出现【移动量】对话框后输入横向移动量为-1.5cm，并与底边线11cm处相连。

③如图4-97所示，选择【调整】工具将分割线调整顺畅。

图4-96　画后片分割线步骤1

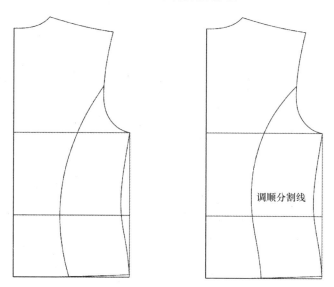

图4-97　画后片分割线步骤2

④选择【智能笔】工具，在后袖窿弧线12cm处开始画第二条分割线。

⑤选择【智能笔】工具，在后片腰围线分割点3cm处与底边线上的第一条分割线处相连。

⑥如图4-98所示，选择【调整】工具将分割线调整顺畅。

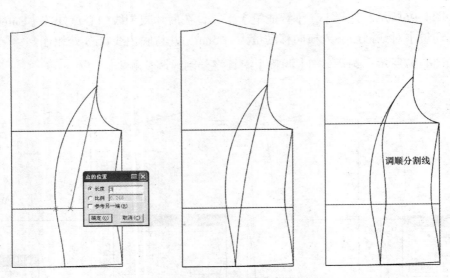

图4-98　画后片分割线步骤3

（6）画前片侧缝线和底边线（图4-99）。

①选择 ✐【智能笔】工具，从前片袖窿深点经腰围线1.6cm处与侧缝基础线1.5cm处相连为侧缝线。

②选择 ✐【智能笔】工具，完成底边线。选择 ▶【调整】工具，调顺前片侧缝线和底边线。

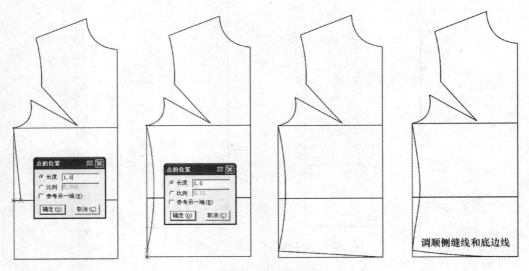

图4-99　画前片侧缝线和底边线

（7）画前片门襟线（图4-100）。

①选择 ✐【智能笔】工具，按住【Shift】键，进入【平行线】功能。输入平行距离1.5cm，单击【确定】即可。

②选择 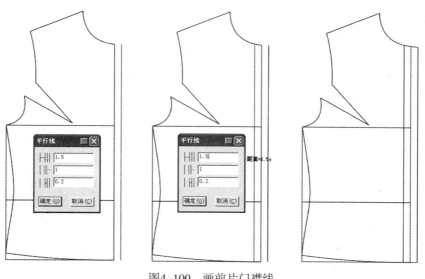【智能笔】工具，按住【Shift】键，进入【平行线】功能。输入平行距离1.5cm，单击【确定】即可。然后，选择 【智能笔】工具中的【切角】和【靠边】功能，处理好门襟线。

图4-100　画前片门襟线

（8）转省处理（图4-101）。

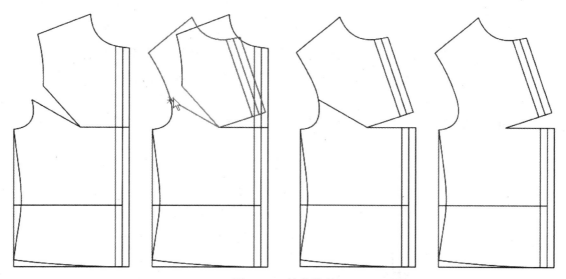

图4-101　转省处理

①选择 【智能笔】工具，从袖窿省尖画一条平行线至门襟线。选择 【剪断线】工具，将门襟线和前中线在平行线处剪断。

②选择 【旋转】工具，按住【Shift】键，进入【旋转】功能，将袖窿省闭合。

③选择 【剪断线】工具，点击袖窿弧线的两段线，然后按右键结束；将两段线连

接为一条线。

④选择 ▶【调整】工具，调顺袖窿弧线。选择 ✐【橡皮擦】工具，删除袖窿省线。

（9）画前片分割线。

①选择 ✐【智能笔】工具，在前袖窿弧线10cm处开始画分割线。

②选择 ✐【智能笔】工具，在前片腰围线8.5cm处与底边线11.6cm处相连。

③如图4-102所示，选择 ▶【调整】工具，将分割线调整顺畅。

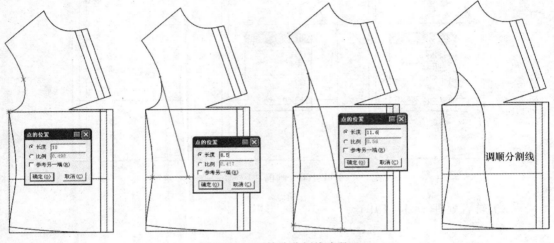

图4-102　画前片分割线步骤1

④选择 ✐【智能笔】工具，在后袖窿弧线10cm处开始画第二条分割线。

⑤选择 ✐【智能笔】工具，在后片腰围线分割点2.5cm处与底边线上的第一条分割线处相连。

⑥如图4-103所示，选择 ▶【调整】工具，将分割线调整顺畅。

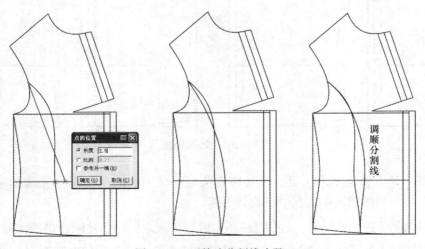

图4-103　画前片分割线步骤2

（10）画袖子。

①选择 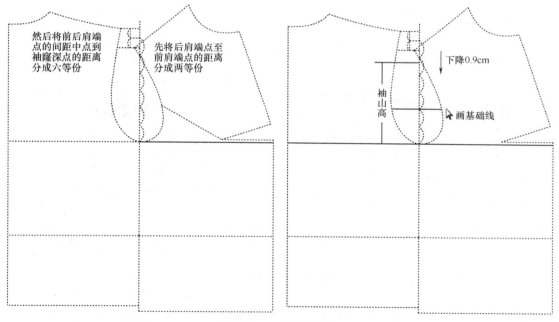【剪断线】工具，依次点击前袖窿弧线的两段线，然后按右键结束将两段线连接成一条线。选择【调整】工具，调顺前袖窿弧线。

②画肩端点平行线。

选择【智能笔】工具，从后肩端点画一条平行线至侧缝基础延长线。

选择【智能笔】工具，从前肩端点画一条平行线超出侧缝基础延长线。

③确定袖山高。

选择【等分规】工具，将后肩端点至前肩端点的距离分成两等份。

选择【等分规】工具，将前后肩端点的间距中点至袖窿深点的距离分成六等份。

选取前后肩端点的间距中点至袖窿深点距离的$\frac{5}{6}$处下降0.9cm为袖山高。

选择【智能笔】工具，从前后肩端点的间距中点至袖窿深点距离的$\frac{1}{3}$处画一条平行线（图4-104）。

图4-104　确定袖山高

④选择【比较长度】工具，点击后袖窿弧线，单击鼠标左键，显示后袖窿弧线长度为23.1cm；点击前袖窿弧线，单击鼠标左键，显示前袖窿弧线长度为20.53cm（图4-105）。

⑤如图4-106所示，选择【圆规】工具，画出后袖山斜线23.1cm与前袖山斜线20.5cm。

⑥选择【智能笔】工具，连接袖山弧线。选择【调整】工具，调顺袖山弧线。

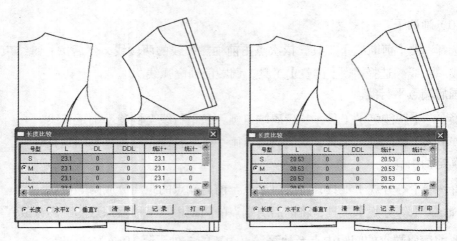

图4-105 测量前后袖窿弧线长度

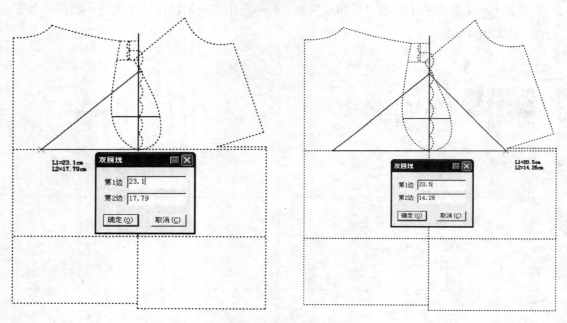

图4-106 画袖山斜线

⑦选择 移动工具，按住【Shift】键，进入【复制】功能。将袖子结构线复制在空白处。

⑧选择 【智能笔】工具，按住【Shift】键，右键点击袖中线下端部分，进入【调整曲线长度】功能。输入新长度量18cm（计算方法：袖长21cm−袖克夫宽3cm）。然后用 【智能笔】工具画好袖口线（图4-107）。

（11）画领子。

①选择 【比较长度】工具，点击后领弧线和前领弧线，单击鼠标左键，显示后领弧线和前领弧线长度为20.54cm；选择 【智能笔】工具，画一条平行线20.54cm（图4-108）。

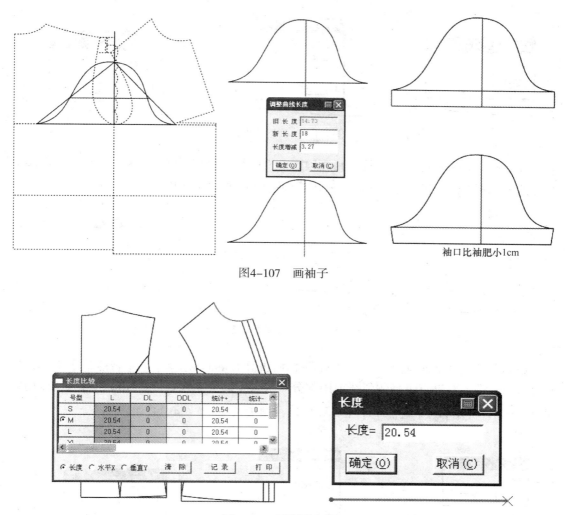

图4-107 画袖子

袖口比袖肥小1cm

图4-108 画领子步骤1

②选择 【调整】工具，框选平行线右端后按【Enter】键，出现【偏移】对话框，输入纵向偏移量2cm。继续用 【调整】工具调整领子弧线（图4-109）。

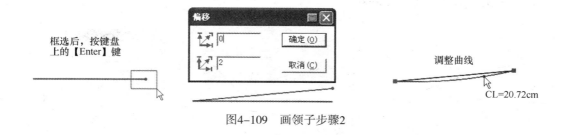

框选后，按键盘上的【Enter】键

调整曲线

CL=20.72cm

图4-109 画领子步骤2

③选择 【智能笔】工具，画底领后中高2.5cm，选择 【智能笔】工具，在领子弧线1.2cm处画出底领的领嘴高2.2cm（图4-110）。

图4-110　画领子步骤3

④选择 ⁄ 【智能笔】工具，画好领座上口弧线，再用 ⿰ 【调整】工具调顺领座上口弧线。选择 ⁄ 【智能笔】工具，画出领面后中凹势4.5cm（图4-111）。

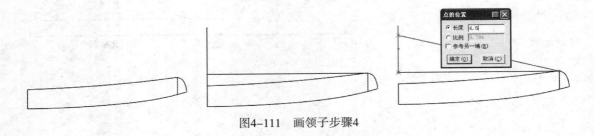

图4-111　画领子步骤4

⑤选择 ⁄ 【智能笔】工具，画出翻领后中高4.5cm。选择 ⁄ 【智能笔】工具，按住【Shift】键，右键点击翻领弧线前中部分。进入【调整曲线长度】功能，输入长度增减量-0.65cm，再用 ⁄ 【智能笔】工具画翻领，领尖长8cm（图4-112）。

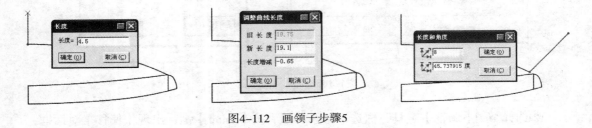

图4-112　画领子步骤5

⑥选择 ⁄ 【智能笔】工具，画出翻领外口弧线。选择 ⿰ 【调整】工具调顺翻领外口弧线，再用 ⿱ 【圆角】工具处理好翻领领尖（图4-113）。

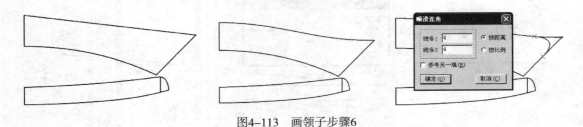

图4-113　画领子步骤6

2.样板处理

（1）前片和门襟样片处理。

如图4-114所示，将前片省量分别在两端加大0.5cm，门襟前中增设1cm省量，这样能够保证前中线更加符合人体。

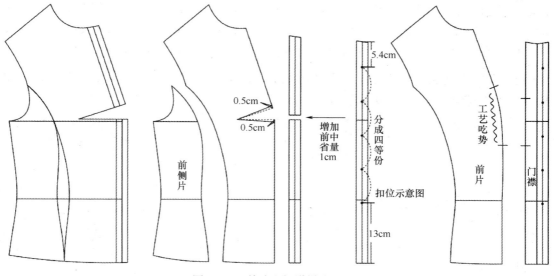

图4-114 前片和门襟样片处理

（2）后片、后侧片、领座、翻领样片处理（图4-115）。

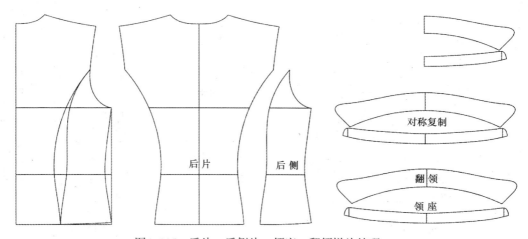

图4-115 后片、后侧片、领座、翻领样片处理

（3）袖子处理（图4-116）。

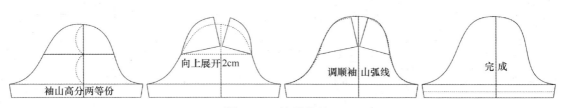

图4-116 袖子处理

（4）拾取样板。

选择 ✂【剪刀】工具，拾取纸样的外轮廓线及对应纸样的省中线；单击右键切换成拾取衣片辅助线工具，拾取内部辅助线，并用 【布纹线】工具将布纹线调整好。

（5）选择 【加缝份】工具，将工作区的所有纸样统一加1cm缝份量，然后将后片、后侧片、前片、前侧片底边线、门襟下口线、袖子的袖口线缝份量修改为3cm。按住【Shift】键，把光标切换成 后，分别在靠近切角的两边上单击即可。把前片与前侧和后片与后侧缝合，缝边进行处理。

（6）如图4-117所示，选择 【剪口】工具，将所需部位打好剪口标记。

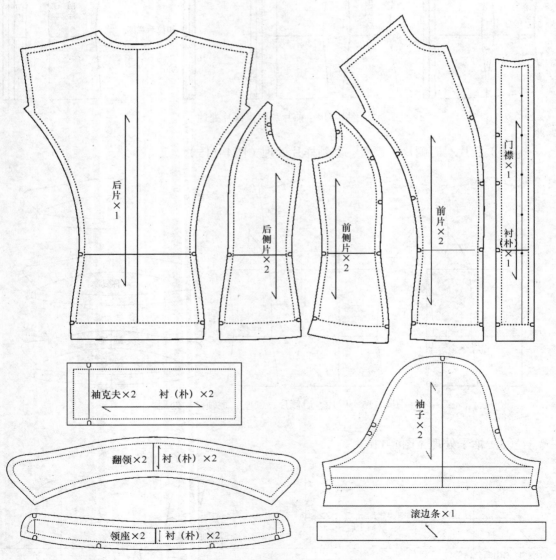

图4-117　女衬衫样板

第四节 连衣裙制板

一、连衣裙款式效果图（图4-118）

正面　　　　　　　　　背面

图4-118 连衣裙款式效果图

二、连衣裙规格尺寸表（表4-4）

表4-4 连衣裙规格尺寸表　　　　　　　　　单位：cm

部位＼号型	S	M(基础板)	L	XL	档差
	155 / 80A	160 / 84A	165 / 88A	170 / 92A	
裙长	84	86	88	90	2
肩宽（成品）	33	34	35	36	1
领围	56	57	58	59	1
胸围	88	92	96	100	4
腰围	72	76	80	84	4
摆围	164	168	172	176	4

三、连衣裙CAD制板步骤

1.画结构图

（1）首先单击菜单【号型】→【号型编辑】，在设置号型规格表中输入尺寸（此操作有无均可）（图4-119）。

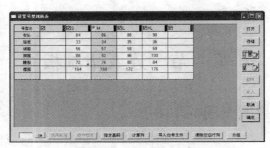

图4-119 设置号型规格表

（2）运用我们前面所学的知识完成女装上衣原型结构图，将女装上衣原型结构图作为基础模板来绘制连衣裙结构图（注意：胸围计算方法是$\dfrac{胸围84cm}{2}+4cm$，其他部位计算方法不变）。

①选择 【旋转】工具，按住【Shift】键进入【旋转】功能。将后片肩省量$\dfrac{2}{3}$部分转移至后袖窿作为吃势量，$\dfrac{1}{3}$的肩省量保留在肩缝线作为吃势量（具体操作步骤可参考第三章中的详细介绍）。

②把线型改变为虚线 ，选择 【设置线的颜色类型】工具点击女装上衣原型结构线，将其改变为虚线显示（图4-120）。

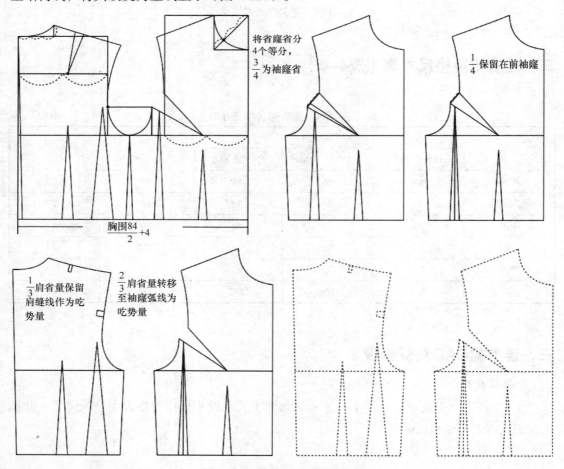

图4-120 女装上衣原型结构图

（3）如图绘制连衣裙结构基础线（图4-121、图4-122）。

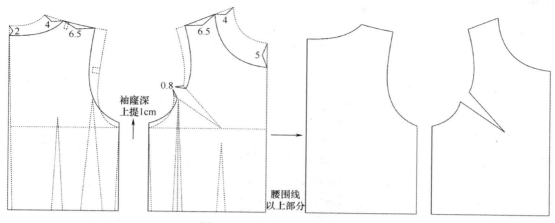

图4-121　连衣裙结构基础线1

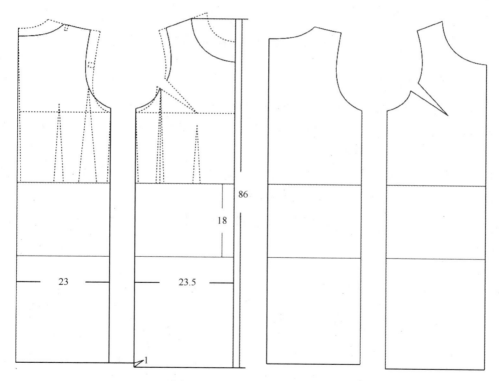

图4-122　连衣裙结构基础线2

（4）画后片侧缝线和下摆线（图4-123）。

①选择 【智能笔】工具，从后片袖窿深点经腰围线1.6cm处，然后把光标放在下摆基础线点按【Enter】键，在出现的【移动量】对话框中输入横向偏移量3cm、纵向偏移量0.5cm，单击【确定】即可。

②选择 ✏ 【智能笔】工具画好底边线。选择 ▶ 【调整】工具，调顺后片侧缝线和底边线。

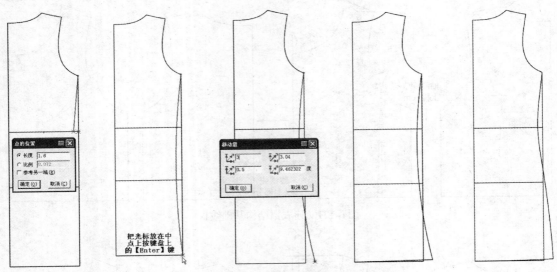

图4-123　画后片侧缝线和下摆线

（5）画后片腰省（图4-124）。

①选择 ✏ 【智能笔】工具，在腰围线9cm处画一条长20cm的垂直线。

②选择 ✏ 【智能笔】工具，按住【Shift】键，右键点击垂直线下端，进入【调整曲线长度】功能，输入长度增减量12cm。

③选择 ✏ 【智能笔】工具，从垂直线下端点经腰围线1.5cm处与垂直线上端点相连完成省线。选择 ▶ 【调整】工具，调顺省线。

④选择 ⚠ 【对称】工具，按住【Shift】键，进入【复制】功能，将省线对称复制。

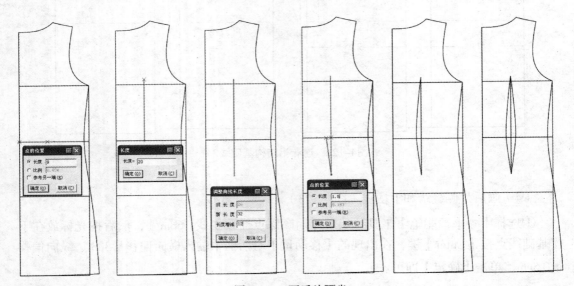

图4-124　画后片腰省

（6）画后片腰头（图4-125）。

①选择 【智能笔】工具，从后中线2cm处与侧缝线2.5cm处相连。选择 【调整】工具，调顺腰头上口线。

②选择 【智能笔】工具，按住【Shift】键，进入【平行线】功能，输入平行距离5cm，单击【确定】即可。

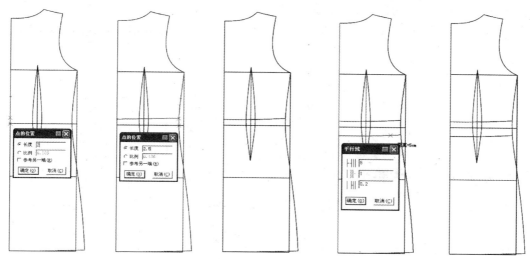

图4-125　画后片腰头

（7）画前片侧缝线和底边线（图4-126）。

①选择 【智能笔】工具，从前片袖窿深点经腰围线1.6cm处，然后把光标放在底边基础线点按【Enter】键，出现【移动量】对话框，输入横向偏移量-3cm，纵向偏移量1.5cm，单击【确定】即可。

②选择 【智能笔】工具画好底边线。选择 【调整】工具，调顺前片侧缝线和底边线。

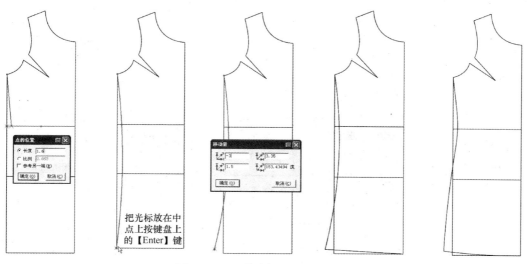

图4-126　画前片侧缝线和底边线

（8）画前片腰省（图4-127）。

①选择 ✏️【智能笔】工具，在腰围线9cm处画一条14.5cm长的垂直线。

②选择 ✏️【智能笔】工具，按住【Shift】键，右键点击垂直线下端部分。进入【调整曲线长度】功能，输入长度增减量12cm。

③选择 ✏️【智能笔】工具，从垂直线下端点经腰围线1.25cm处与垂直线上端点相连画好省线。选择 ▶️【调整】工具，调顺省线。

④选择 ◣【对称】工具并按住【Shift】键，进入【复制】功能将省线对称复制。

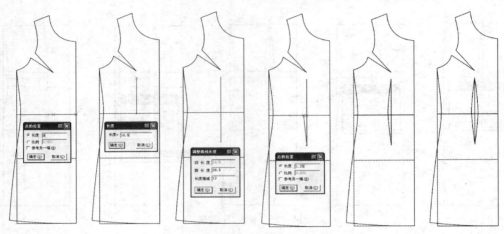

图4-127　画前片腰省

（9）画前片腰头（图4-128）。

①选择 ✏️【智能笔】工具，将前中线2cm处与侧缝线2.5cm处相连。选择 ▶️【调整】工具，调顺腰头上口线。

②选择 ✏️【智能笔】工具并按住【Shift】键，进入【平行线】功能，输入平行距离5cm，单击【确定】即可。

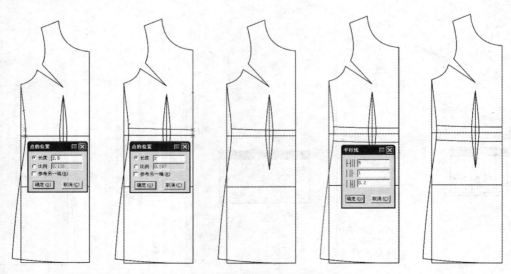

图4-128　画前片腰头

2.样板处理

（1）后片腰头处理（图4-129）。

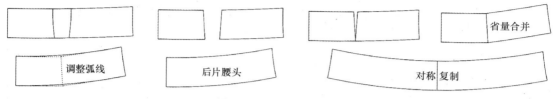

图4-129 后片腰头处理

（2）前片腰头处理（图4-130）。

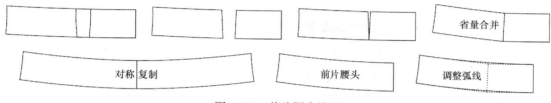

图4-130 前片腰头处理

（3）后片下拼块处理（图4-131、图4-132）。

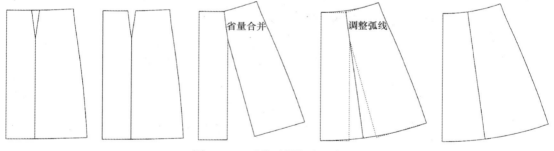

图4-131 后片下拼块处理步骤1

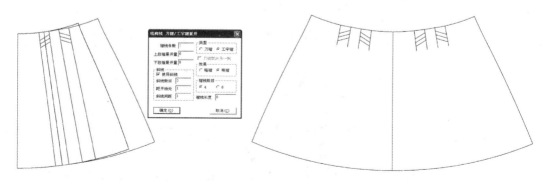

图4-132 后片下拼块处理步骤2

（4）前片下拼块处理（图4-133、图4-134）。

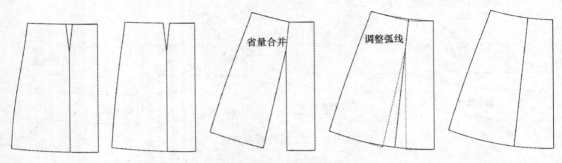

图4-133　前片下拼块处理步骤1

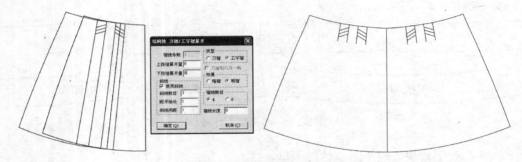

图4-134　前片下拼块处理步骤2

（5）前片上拼块、后片上拼块处理（图4-135）。

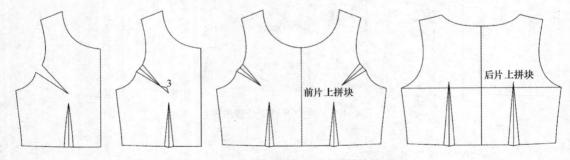

图4-135　前片上拼块、后片上拼块处理

（6）前领贴、后领贴处理（图4-136）。

（7）拾取样板。

选择　【剪刀】工具，拾取纸样的外轮廓线及对应纸样的省中线；单击右键切换成拾取衣片辅助线工具，拾取内部辅助线，并用　【布纹线】工具将布纹线调整好。

（8）选择　【加缝份】工具，将工作区的所有纸样统一加1cm缝份量，然后将后片下拼块、前片下拼块的底边线缝份量修改为3cm。

（9）如图4-137所示，选择 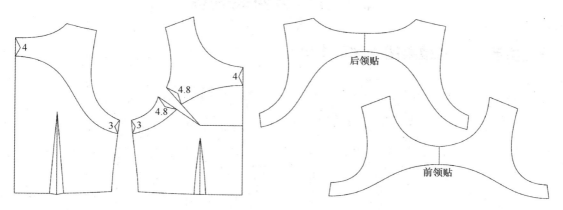【剪口】工具和 【打孔】工具将所需部位打好剪口和打孔标记。

图4-136　前领贴、后领贴处理

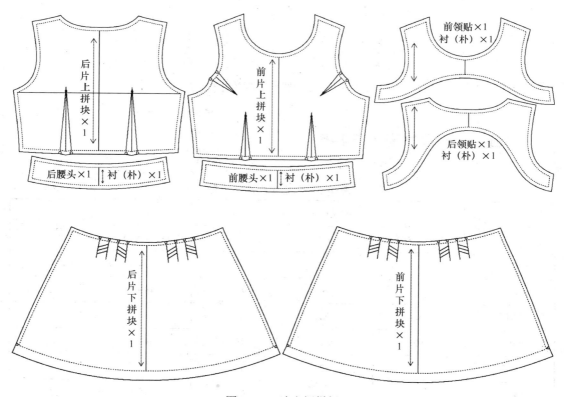

图4-137　连衣裙样板

第五节　男西装制板

一、男西装款式效果图（图4-138）

正面　　　　　　　　　　背面

图4-138　男西装款式效果图

二、男西装规格尺寸表（表4-5）

表 4-5　男西装规格尺寸表　　　　　　　单位：cm

部位 ＼ 号型	S	M(基础板)	L	XL	档差
	165 / 86A	170 / 90A	175 / 94A	180 / 98A	
衣长	73	75	77	79	2
肩宽	44.8	46	47.2	48.4	1.2
胸围	102	106	110	114	4
腰围	92	96	100	104	4
摆围	108	112	116	120	4
袖长	58.5	60	61.5	63	1.5
袖肥	36.9	38.5	40.1	41.7	1.6
袖口	28	29	30	31	1

三、男西装CAD制板步骤

1.画结构图

（1）单击【号型】菜单→【号型编辑】，在设置号型规格表中输入尺寸（此操作有无均可）（图4-139）。

号型名 ☑	☑S	☑M	☑L	☑XL	☑
衣长	73	75	77	79	
肩宽	44.8	46	47.2	48.4	
胸围	102	106	110	114	
腰围	92	96	100	104	
摆围	108	112	116	120	
袖长	58.5	60	61.5	63	
袖肥	36.9	38.5	40.1	41.7	
袖口	28	29	30	31	

图4-139 设置号型规格表

（2）男西装结构图（图4-140、图4-141）。

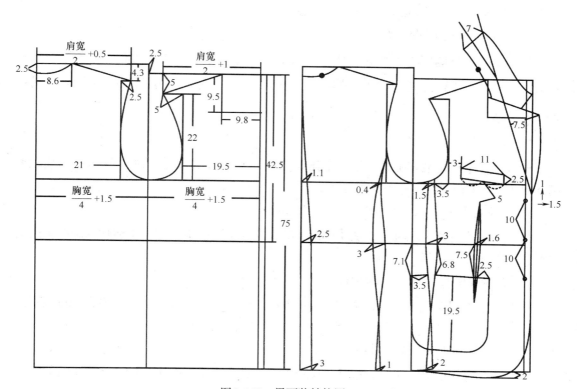

图4-140 男西装结构图1

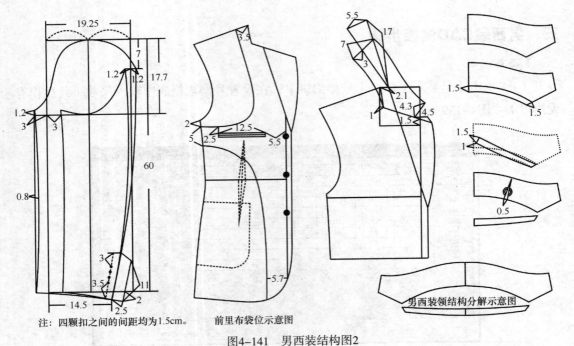

注：四颗扣之间的间距均为1.5cm。　　　　前里布袋位示意图

图4-141　男西装结构图2

（3）画矩形（图4-142）。

选择 ✐【智能笔】工具，在空白处拖定出宽为28cm（计算公式：$\dfrac{\text{胸围106cm}}{4}$ +1.5cm）、长为75cm（75cm为衣长尺寸）的矩形。

（4）画水平线（图4-143）。

选择 ✐【智能笔】工具并按住【Shift】键，进入【平行线】功能。输入第一条平行线距离5cm（计算公式：$\dfrac{\text{胸围106cm}}{20}$ -0.3cm）；第二条平行线距离22cm（计算公式：$\dfrac{\text{胸围106cm}}{5}$ +0.8cm）。

（5）画腰围线（图4-144）。

选择 ✐【智能笔】工具，按住【Shift】键，进入【平行线】功能，输入平行线距离42.5cm（42.5cm是男性前腰节长尺寸）。

（6）对称复制（图4-145）。

选择 ⚠【对称】工具，按住【Shift】键，进入【复制】功能，将前片基础线（肩宽基础线除外）对称复制。

（7）画后片上水平线（图4-146）。

选择 ✐【智能笔】工具，按住【Shift】键，进入【平行线】功能，输入平行线距离2.5cm。

（8）画后片肩水平线（图4-147）。

选择 ✐【智能笔】工具，按住【Shift】键，进入【平行线】功能，输入平行线距离4.3cm。

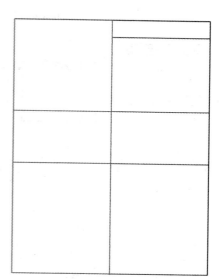

图4-142　画矩形　　图4-143　画水平线　　图4-144　画腰围线　　　图4-145　对称复制

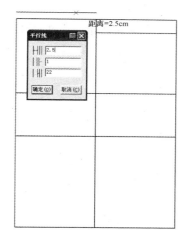

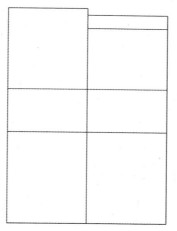

图4-146　画后片上水平线　　　　　　　　图4-147　画后片肩水平线

（9）画后片肩斜线（图4-148）。

选择 【智能笔】工具，将上平线8.6cm处与肩宽基础线23.5cm（计算方法：$\frac{肩宽46cm}{2}+0.5cm$）处相连。

（10）画背宽线（图4-149）。

选择 【智能笔】工具，按住【Shift】键，进入【平行线】功能，输入平行线距离21cm（计算方法：$\frac{胸围106cm}{5}-0.2cm$）。

（11）画后领弧线（图4-150）。

选择 【智能笔】工具，从上平线8.6cm处与后中线2.5cm相连一条线，然后用 【对称调整】工具调顺后领弧线。

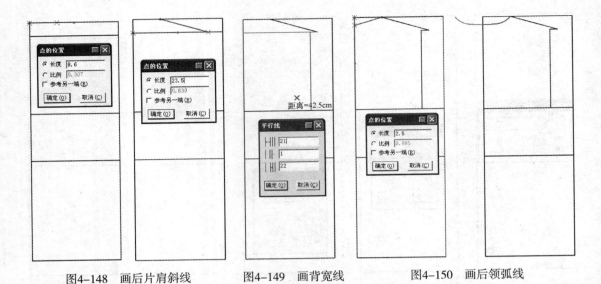

图4-148　画后片肩斜线　　　　图4-149　画背宽线　　　　图4-150　画后领弧线

（12）画后中线（图4-151）。

选择 ✎【智能笔】工具，从后中领点经腰围线2.5cm处与底边线3cm处相连，然后用 ▶【调整】工具调顺后中弧线。

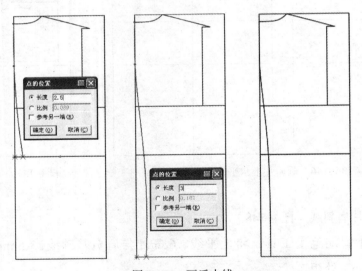

图4-151　画后中线

（13）画前片肩斜线（图4-152）。

选择 ✎【智能笔】工具，将上平线9.8cm处与肩宽基础线24cm（计算方法：$\dfrac{肩宽46cm}{2}$+1cm）处相连。

（14）画胸宽线（图4-153）。

选择 ✎【智能笔】工具，按住【Shift】键，进入【平行线】功能。输入平行线距离

19.5cm（计算方法：$\dfrac{胸围106cm}{5}-1.7cm$）。

（15）画前片领口线（图4-154）。

选择 ✐【智能笔】工具，从上平线9.8cm处画一条长9.5cm的垂直线，然后依此画一条垂直线相交于前中线。

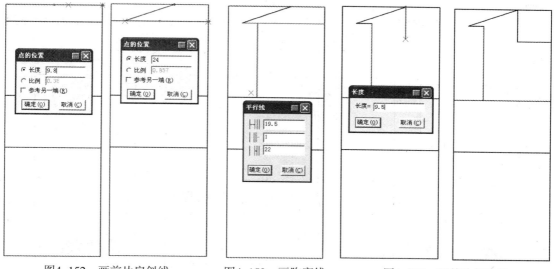

图4-152　画前片肩斜线　　　　图4-153　画胸宽线　　　　图4-154　画前片领口线

（16）画袖窿弧线（图4-155）。

选择 ✐【智能笔】工具，从后片肩端点经袖窿深点与前片肩端点相连画一条曲线，然后用 ▷【调整】工具调顺袖窿弧线。

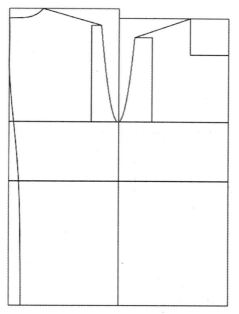
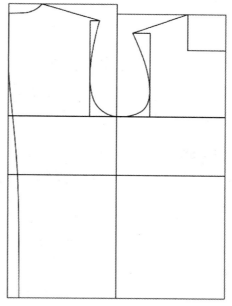

图4-155　画袖窿弧线

（17）画后片分割线（又称公主缝）（图4-156、图4-157）。

①选择 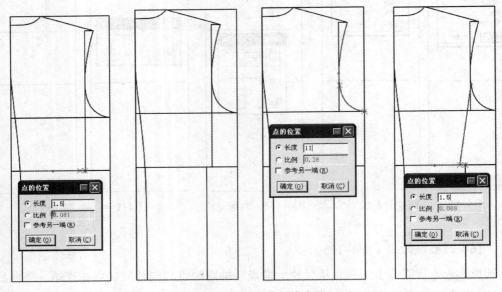【智能笔】工具，将后背宽线靠边到后腰围线上。然后，用【智能笔】工具在腰围线1.5cm处画一条垂直线长至底边线。

②选择【智能笔】工具，从袖窿弧线11cm处经腰围线1.5cm处与底边线0.5cm处相连画分割线，然后用【调整】工具调顺分割线。

③选择【智能笔】工具，从袖窿弧线11cm处经腰围线3cm处与下摆1cm处相连画分割线，然后用【调整】工具调顺分割线。

图4-156　画后片分割线步骤1

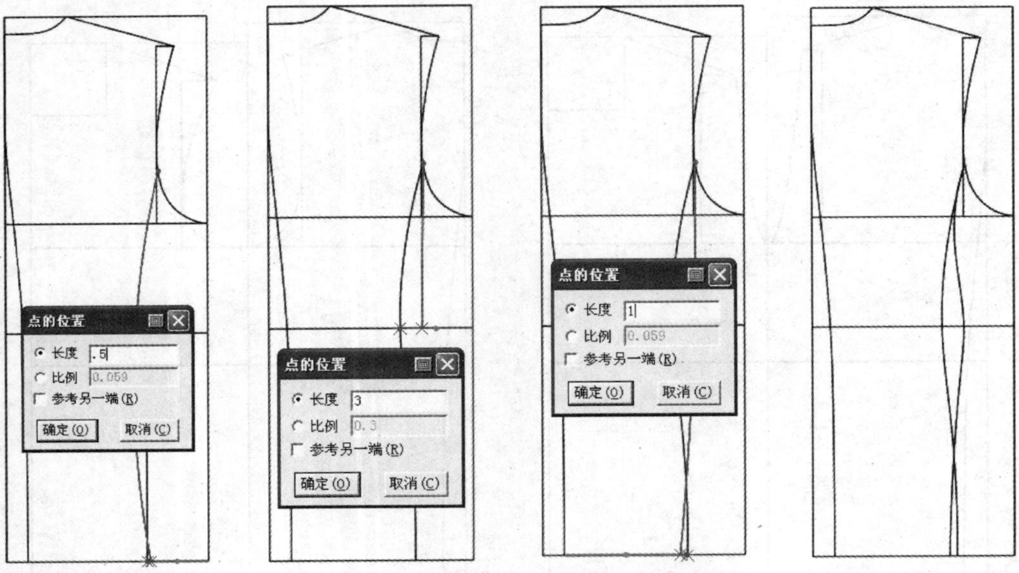

图4-157　画后片分割线步骤2

（18）画前片分割线（又称公主缝）（图4-158、图4-159）。

①选择 ✎【智能笔】工具，在胸围线4.25cm处画一条垂直线相交至底边线，将此垂直线用 ✎【智能笔】工具中的靠边功能靠边到袖窿线。

②选择 ✎【智能笔】工具，从袖窿弧线0.75cm处经腰围线1.5cm处与底边线平行线交点1cm处相连成一条线，然后用 ▶【调整】工具调顺分割线。

③选择 ⋀【对称】工具，按住【Shift】键，进入【复制】功能，以平行线为中心将分割线对称复制。然后用 ▶【调整】工具调顺前袖窿弧线。

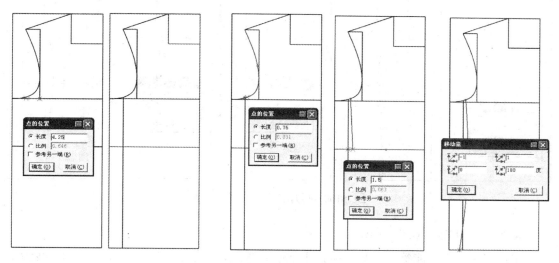

图4-158　画前片分割线步骤1

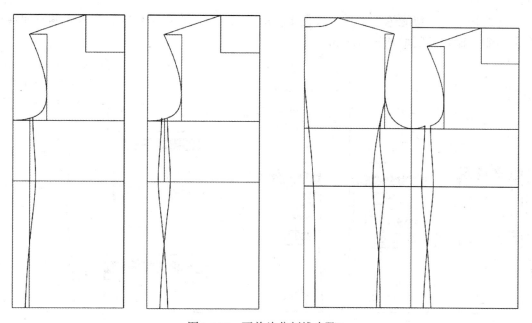

图4-159　画前片分割线步骤2

（19）后片和侧片底边线处理（图4-160）。

①选择 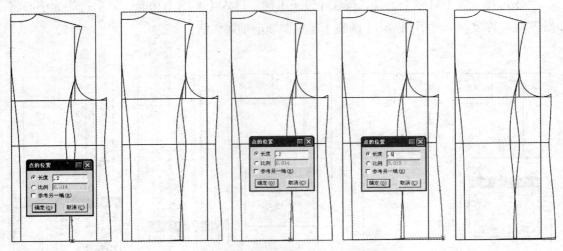【智能笔】工具，从分割线0.2cm处与底边线后中端点相连一条线，然后用【调整】工具调顺底边弧线。

②选择 【智能笔】工具，从分割线0.2cm处与分割线0.5cm处相连，然后用【调整】工具调顺底边弧线。

图4-160　后片和侧片下摆线处理

（20）手巾袋位（图4-161）。

①选择 【智能笔】工具，按住【Shift】键，进入【平行线】功能，以胸宽线为基准输入平行线距离3cm。

②选择 【智能笔】工具，按住【Shift】键，右键点击平行线，进入【调整曲线长度】功能，输入长度增减量-1.5cm。

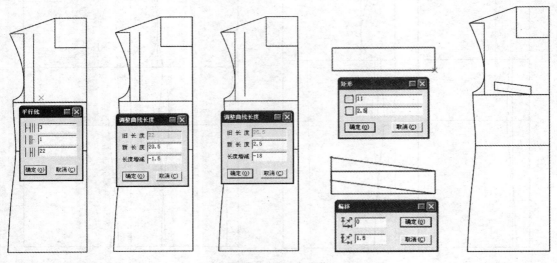

图4-161　手巾袋位

③选择 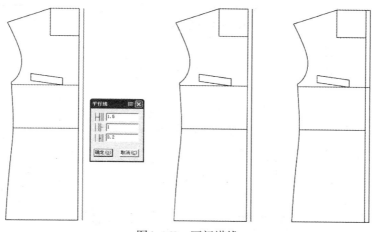【智能笔】工具，按住【Shift】键，右键点击平行线，进入【调整曲线长度】功能，输入新长度量2.5cm。

④选择【智能笔】工具，在空白处拖定出长11cm、宽2.5cm的矩形。然后用【调整】工具框选手巾袋的左端，按【Enter】键，输入纵向偏移量1.5cm。

⑤选择【移动】工具，按住【Shift】键，进入【移动】功能，将手巾袋移动至平行线重合。

（21）画门襟线（图4-162）。

选择【智能笔】工具，按住【Shift】键，进入【平行线】功能。以前中线为基准，输入平行线距离1.5cm，然后用选择【智能笔】工具中的【连角】功能将上平线、底边线与门襟线连角。

图4-162　画门襟线

（22）画前袋位（图4-163～图4-165）。

①选择【智能笔】工具，按住【Shift】键，进入【平行线】功能，以腰围线为基准输入平行线距离7.5cm。

②选择【智能笔】工具，按住【Shift】键，右键点击平行线，进入【调整曲线长度】功能，输入新长度量14.5cm。

③选择【智能笔】工具，按住【Shift】键，右键点击平行线，进入【调整曲线长度】功能，输入新长度量18cm。

④选择【调整】工具，框选水平线的左端，按【Enter】键，输入纵向偏移量0.5cm。

⑤选择【智能笔】工具，按住【Shift】键，进入【三角板】功能。分别从平行线的两端画19.5cm长的垂直线，然后将垂直线两端相连。

⑥选择【圆角】工具，将贴袋下角进行圆角处理。

⑦选择【剪断线】工具，将贴袋线从前片分割线处剪断。

⑧选择【对接】工具，按住【Shift】键，进入【对接】功能，将袋布对接。

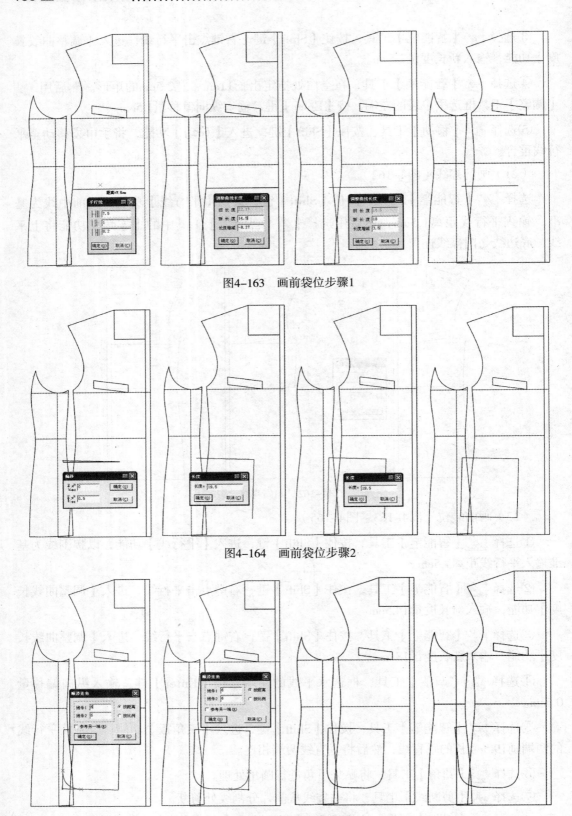

图4-163　画前袋位步骤1

图4-164　画前袋位步骤2

图4-165　画前袋位步骤3

（23）画前腰省（图4-166、图4-167）。

①选择 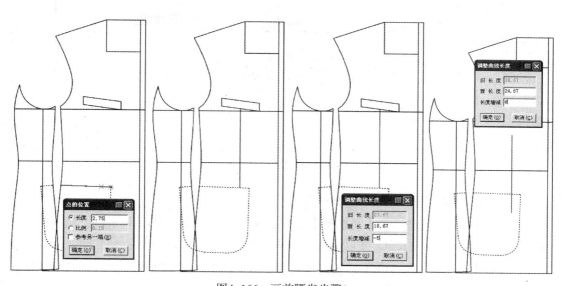【智能笔】工具，从手巾袋中点与袋口线2.75cm处相连画一条直线。

②选择【智能笔】工具，按住【Shift】键，右键点击直线上端；进入【调整曲线长度】功能，输入长度增减量-5cm。

③选择【智能笔】工具，按住【Shift】键，右键点击直线下端；进入【调整曲线长度】功能，输入长度增减量6cm。

④选择【智能笔】工具，从直线下端点经腰围线0.8cm处与直线上端点相连。使用【调整】工具，调顺省线线条。

⑤选择【对称】工具，按住【Shift】键，进入【复制】功能，将省线对称复制。

图4-166　画前腰省步骤1

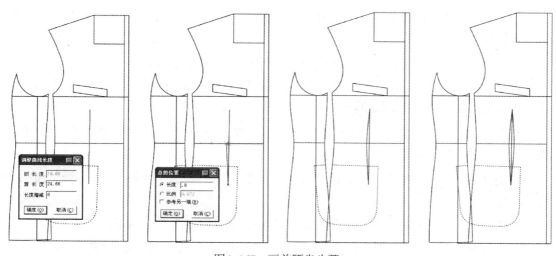

图4-167　画前腰省步骤2

（24）确定扣位（图4-168）。

①选择 【智能笔】工具，从口袋位画一条平行线相交至前中线，并用 【点】工具在相交点上加点。

②选择 【点】工具，在前中线上把剩下两个扣位画好，扣距是10cm。

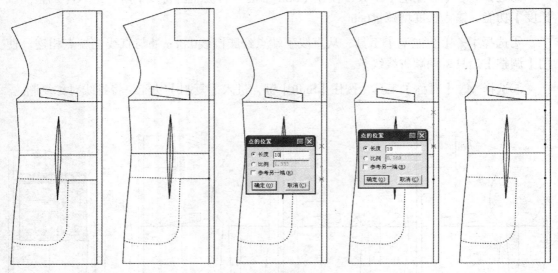

图4-168　确定扣位

（25）画西装领（图4-169～图4-172）。

①如图4-169，选择 【智能笔】工具，在第一颗扣上按【Enter】键，输入横向偏移量1.5cm，纵向偏移量1cm，并以此点与上平线2.1cm处相连为翻折线。

②选择 【智能笔】工具，按住【Shift】键，右键点击翻折线；进入【调整曲线长度】功能，输入长度增减量17cm。

③选择 【智能笔】工具，按住【Shift】键，进入【三角板】功能，在翻折线顶端画一条长5.5cm的垂直线。

④选择 【智能笔】工具，将A点与B点连成一条线为倒伏线。

⑤如图4-170，选择 【智能笔】工具，按住【Shift】键，进入【平行线】功能，以倒伏线为基准，输入平行线距离3cm。

⑥选择 【智能笔】工具，将直开领基础线中点与前中线1.5cm处相连，为串口线。

⑦选择 【智能笔】工具，按住【Shift】键，右键点击串口线；进入【调整曲线长度】功能，输入长度增减量7cm。

⑧选择 【智能笔】工具，将横开领端点与串口线1cm处相连为领脚线。

⑨如图4-171所示，选择 【智能笔】工具，在倒伏平行线上取后领弧线长9.35cm与串口线1cm处相连为领子下口弧线；并用 【调整】工具调顺领子下口弧线。

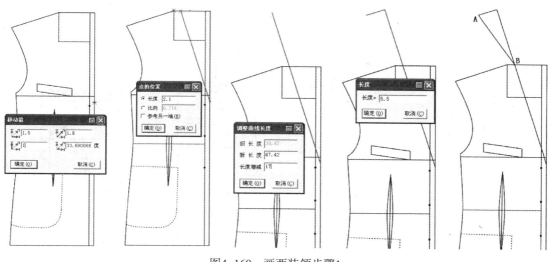

图4-169　画西装领步骤1

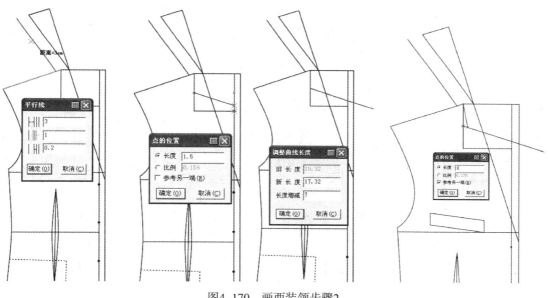

图4-170　画西装领步骤2

⑩选择 【点】工具，在领子下口弧线2cm处加个点。

⑪选择 【智能笔】工具，按住【Shift】键，进入【三角板】功能。左键点击刚加的点拖到领子后中端点，画后领宽7cm。

⑫如图4-172所示，选择 【智能笔】工具，按住【Shift】键，进入【平行线】功能，依翻折线为基准，输入平行线距离7.5cm（7.5cm为驳头宽的尺寸）。

⑬选择 【智能笔】工具，画好驳头，再用 【调整】工具或 【对称调整】工具调顺驳头外口弧线。

⑭选择 【智能笔】工具，画领子外口弧线，再用 【调整】工具或 【对称调整】工具调顺领子外口弧线。

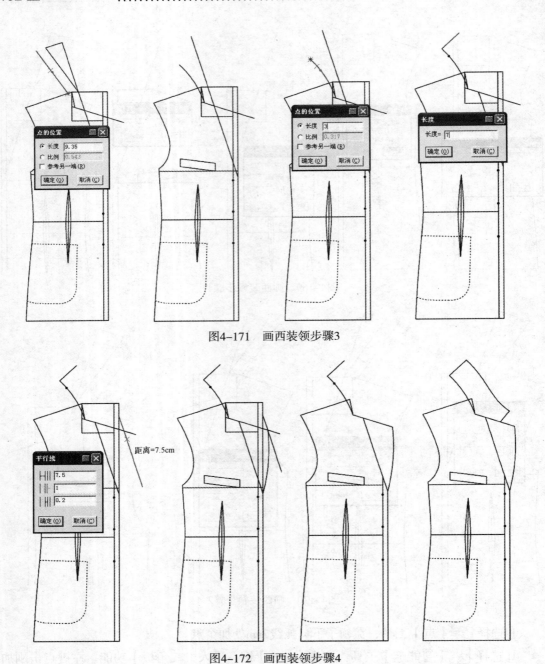

图4-171　画西装领步骤3

图4-172　画西装领步骤4

（26）画前片底边弧线（图4-173）。

①选择 ✐【智能笔】工具，按住【Shift】键，进入【平行线】功能。以下摆基础线为基准，输入平行线距离0.8cm。

②选择 ✐【智能笔】工具和 ▶【调整工具】，画好前片下摆弧线。

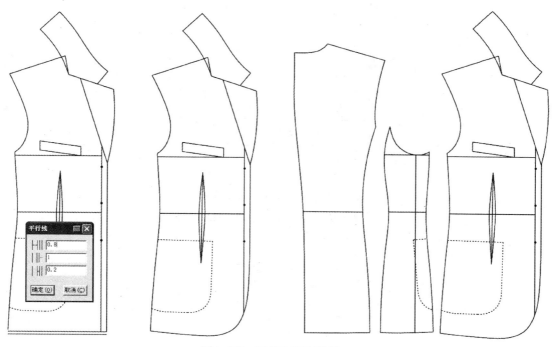

图4-173　画前片底边弧线

2.样板处理

（1）后片里料、侧片里料处理（图4-174）。

（2）前片里料上拼块处理（图4-175）。

（3）前片里料下拼块、挂面处理（图4-176）。

（4）里料三角衩、里料袋盖处理（图4-177）。

（5）袋布、袋垫布、袋盖、袋嵌条处理（图4-178）。

（6）为了方便加放缝份，我们将前片底边缝边和大袖袖口缝边进行处理（图4-179）。

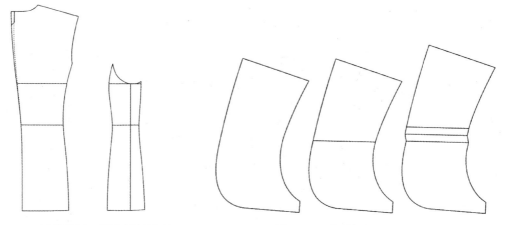

图4-174　后片里料、侧片里料处理　　　　图4-175　前片里料上拼块处理

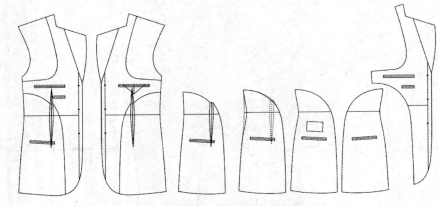

图4-176　前片里料下拼块、挂面处理

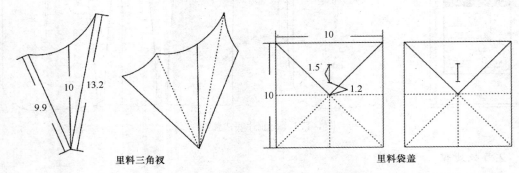

里料三角衩　　　　　　　　　　里料袋盖

图4-177　里料三角衩、里料袋盖处理

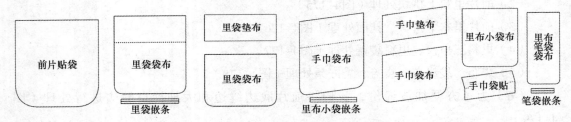

前片贴袋　　里袋袋布　　里袋垫布　　手巾垫布　　里布小袋布　　里布笔袋袋布

里袋嵌条　　　手巾袋布　　手巾袋贴　　笔袋嵌条

里布小袋嵌条

图4-178　袋布、袋垫布、袋盖、袋嵌条处理

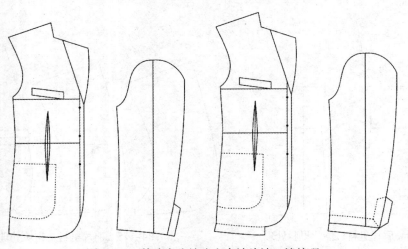

图4-179　前片底边缝边和大袖片袖口缝处理

（7）拾取样板

选择 ✂【剪刀】工具，拾取纸样的外轮廓线及对应纸样的省中线；单击右键切换成拾取衣片辅助线工具拾取内部辅助线。并用 🖱【布纹线】工具，将布纹线调整好。

（8）选择 📁【加缝份】工具，将工作区的所有纸样统一加1cm缝量，然后将后片和侧片底边线、小袖的袖口线缝份量修改为3.8cm，贴袋上口线缝份量修改为3cm。单击【Shift】键，把光标切换成 🔧 后，分别在靠近切角的两边线段上单击即可。把后片与侧片、大袖与小袖缝合缝边进行处理。

（9）如图4-180、图4-181所示，选择 ✂【剪口】工具和 🔘【打孔】工具，将所需部位打好剪口和打孔标记。

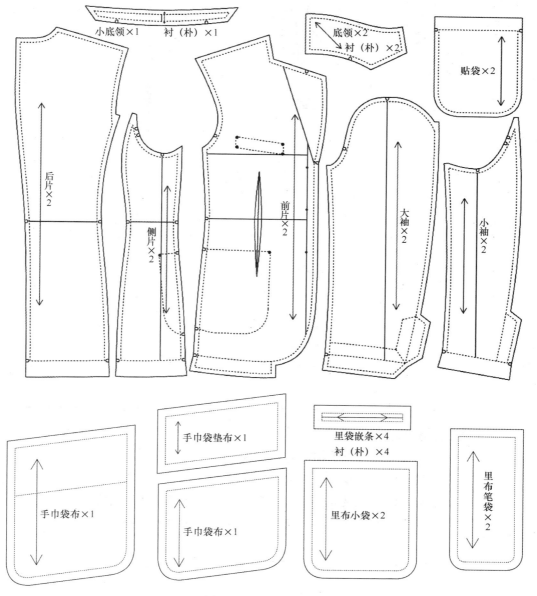

图4-180　男西装样板1

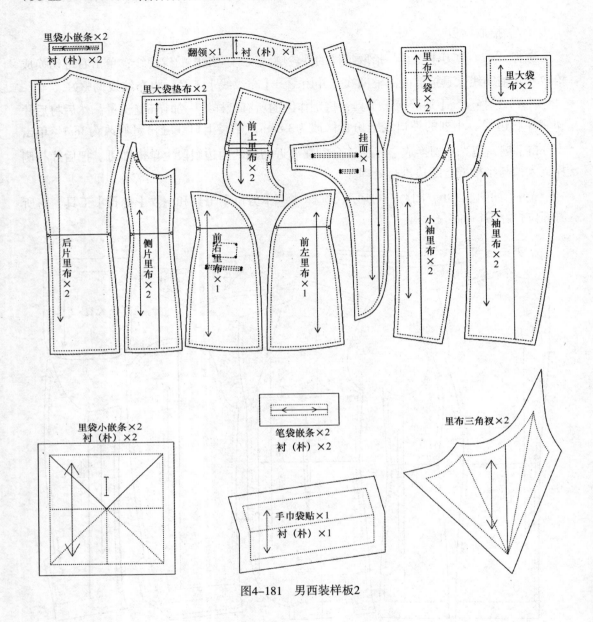

里袋小嵌条×2
衬（朴）×2

翻领×1　衬（朴）×1

里大袋垫布×2

前上里布×2

挂面×1

里布大袋×2

里大袋布×2

后片里布×2

侧片里布×2

前右里布×1

前左里布×1

小袖里布×2

大袖里布×2

里袋小嵌条×2
衬（朴）×2

笔袋嵌条×2
衬（朴）×2

里布三角衩×2

手巾袋贴×1
衬（朴）×1

图4-181　男西装样板2

思考与练习题

1.运用富怡V8服装CAD软件完成3款裙子的结构制图。

2.运用富怡V8服装CAD软件完成3款裤子的结构制图。

3.运用富怡V8服装CAD软件完成5款流行女装的结构制图。

4.运用富怡V8服装CAD软件完成3款男装的结构制图。

第五章

服装CAD放码与排料

课题名称： 服装CAD放码与排料

课题内容： 放码

排料

课题时间： 4课时

训练目的： 运用富怡V8服装CAD进行放码、排料应用。

教学方式： 以实际生产任务为载体，模拟工业化生产的过程，要求学生做成系统的训练，即完成从工业样板制作到推板、排料的一系列工作。通过综合训练，把单个工具的使用方法和实际任务相结合，提高学生的熟练程度和解决实际问题的能力。

教学要求： 1.使学生掌握放码技巧。

2.使学生掌握排料技巧。

　　服装CAD放码不仅具备准确、高效、便捷的样板编辑功能，还可以通过自带的检查功能判断放码结果的准确性。服装CAD排料则可以通过计算机自动排料与人机交换排料两种方式同步看到面料的利用率，可以降低生产成本，并且为铺料、裁剪等工艺提供可行的技术依据。本节通过三款服装CAD放码与排料案例，使读者掌握服装CAD放码与排料的规律与技巧。

第一节　放码

　　本节以短裙为例，运用富怡V8服装CAD进行放码。

　　（1）设置号型规格表（图5-1）

　　单击【号型】菜单→【号型编辑】，增加需要的号型并设置好各号型的颜色。（注：为了让读者更直观地看清放码的步骤，按键盘上方的【F7】键隐藏缝份量）。

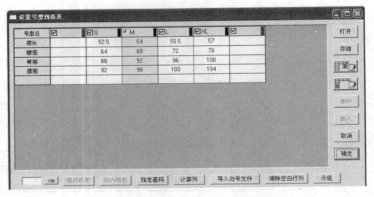

图5-1　设置号型规格表

　　（2）如图5-2所示，用 　【选择纸样控制点】工具框选前左腰头的一端，在【横向放缩】栏输入放缩量-1cm，然后点击【X相等】。

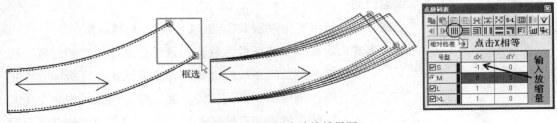

图5-2　前左腰头放缩效果图

　　（3）如图5-3所示，用 　【选择纸样控制点】工具框选前右腰头、后腰头、后育克的一端，在【横向放缩】栏输入放缩量1cm，然后点击【X相等】。

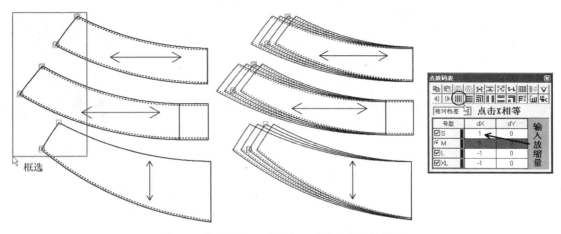

图5-3　前右腰头、后腰头、后育克放缩效果图

（4）如图5-4所示，用 ▦【选择纸样控制点】工具框选里襟、门襟、后贴袋上口，在【纵向放缩】栏输入放缩量-0.5cm，然后点击【Y相等】。

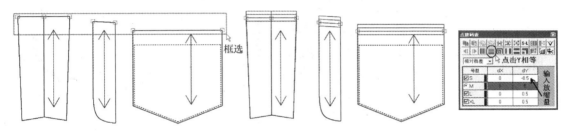

图5-4　里襟、门襟、后贴袋放缩效果图

（5）如图5-5所示，用 ▦【选择纸样控制点】工具框选后贴袋左侧，在【横向放缩】栏输入放缩量0.25cm，然后点击【X相等】。

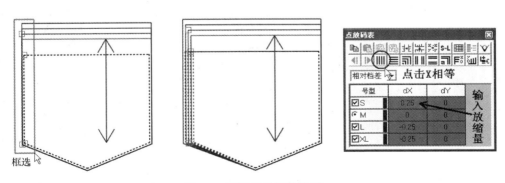

图5-5　后贴袋放缩效果图

（6）如图5-6所示，用 ▦【选择纸样控制点】工具先框选被复制放码的部位，点击复制放码量；再用 ▦【选择纸样控制点】工具先框选要复制放码的部位，点击【粘贴X】。

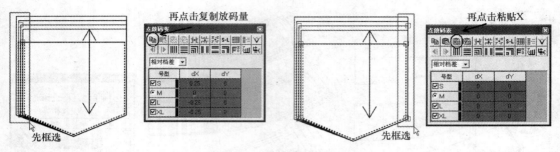

图5-6　复制粘贴放码量步骤1

（7）如图5-7所示，用 ▣【选择纸样控制点】工具框选已复制好放码量的部位，点击【X取反】。

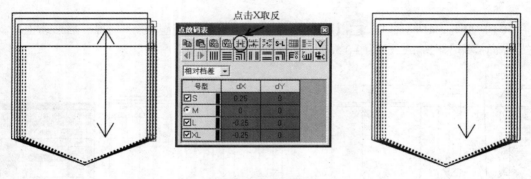

图5-7　复制粘贴放码量步骤2

（8）如图5-8所示，用 ▣【选择纸样控制点】工具框选前袋布、前袋贴上口，在【纵向放缩】栏输入放缩量-0.5cm，然后点击【Y相等】。

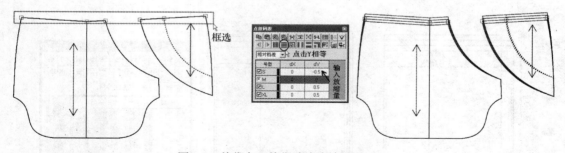

图5-8　前袋布、前袋贴放缩效果图

（9）如图5-9所示，用 ▣【选择纸样控制点】工具框选前片上口，在【纵向放缩】栏输入放缩量-0.5cm，然后点击【Y相等】。

（10）如图5-10所示，用 ▣【选择纸样控制点】工具框选前片侧缝，在【横向放缩】栏输入放缩量1cm，然后点击【X相等】。

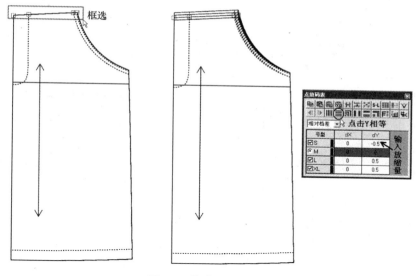

图5-9 前片上口放缩效果图

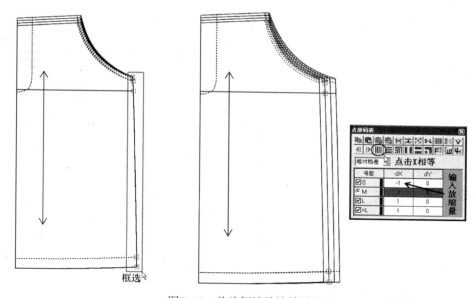

图5-10 前片侧缝放缩效果图

（11）如图5-11所示，用 ![图标]【选择纸样控制点】工具框选前片底边线，在【纵向放缩】栏输入放缩量1cm，然后点击【Y相等】。

（12）如图5-12所示，用 ![图标]【选择纸样控制点】工具框选后片上口及后贴袋上口线，在【纵向放缩】栏输入放缩量-0.5cm，然后点击【Y相等】。

（13）如图5-13所示，用 ![图标]【选择纸样控制点】工具框选后片侧缝，在【横向放缩】栏输入放缩量1cm，然后点击【X相等】。

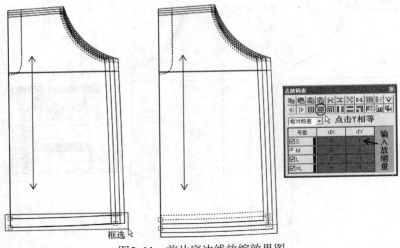

图5-11 前片底边线放缩效果图

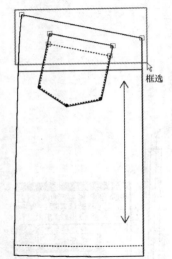
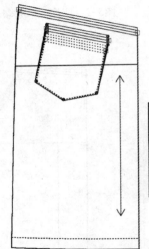

图5-12 后片上口及后贴袋上口线放缩效果图

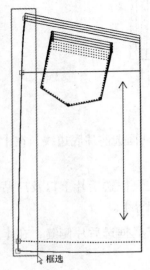
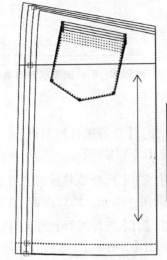
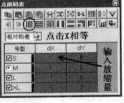

图5-13 后片侧缝放缩效果图

（14）如图5-14所示，用 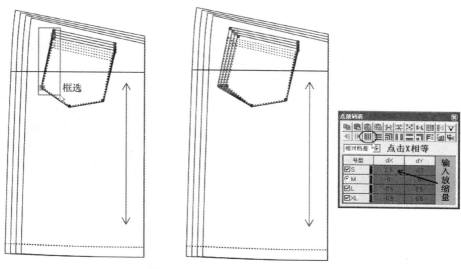【选择纸样控制点】工具框选后贴袋左侧，在【横向放缩】栏输入放缩量0.5cm，然后点击【X相等】。

图5-14 后贴袋左侧放缩效果图

（15）如图5-15所示，用【选择纸样控制点】工具框选后贴袋下端中点，在【横向放缩】栏输入放缩量0.25cm，然后点击【X相等】。

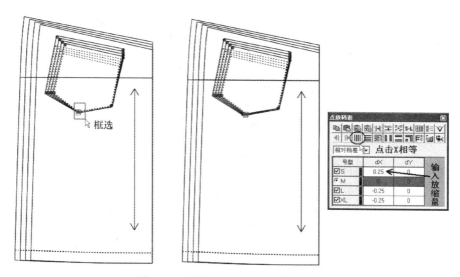

图5-15 后贴袋下端中点放缩效果图

（16）如图5-16所示，用【选择纸样控制点】工具框选后片底边，在【纵向放缩】栏输入放缩量1cm，然后点击【Y相等】。

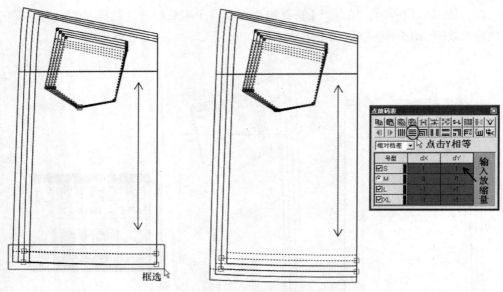

图5-16 后片底边放缩效果图

（17）短裙放码完整图（图5-17）。

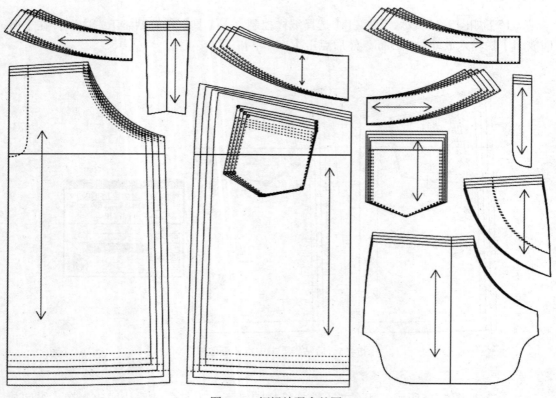

图5-17 短裙放码完整图

第二节　排料

本节以短裙为例，运用富怡V8服装CAD进行排料。

（1）单击 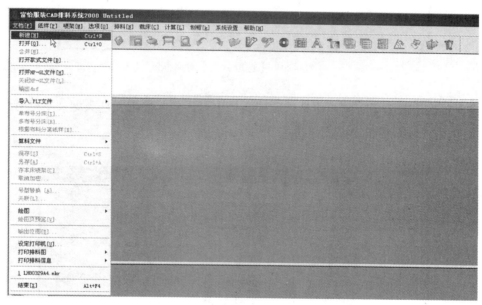 新建或者单击文档菜单中的【新建】（图5-18），弹出【唛架设定】对话框，设定布封宽（唛架宽度根据实际情况来定）及估计的大约唛架长，最好略多一些，唛架边界可以根据实际情况自行设定（图5-19）。

图5-18　文档菜单中的【新建】

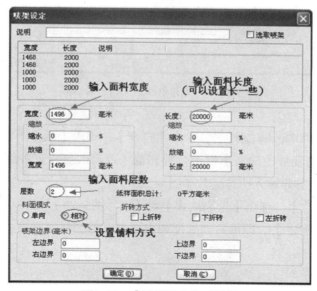

图5-19　【唛架设定】对话框

（2）单击【确定】，弹出【选取款式】对话框（图5-20）。

图5-20　【选取款式】对话框

（3）单击【载入】，弹出【选取款式文档】对话框，单击文件类型文本框旁的三角形按钮，可以选择要排料的样板文档（图5-21）。

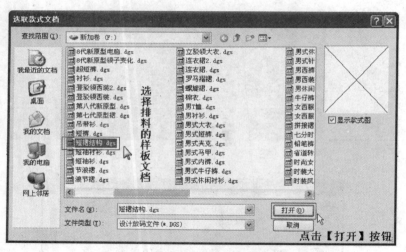

图5-21　【选取款式文档】对话框

（4）单击 短裙结构.dgs 文件名，单击【打开】，弹出【纸样制单】对话框。根据实际需要，可通过单击要修改的文本框进行补充输入或修改。检查各纸样的裁片数，并在【号型套数】栏，给各码输入所排套数（图5-22）。

（5）单击【确定】，弹出【选取款式】对话框（图5-23）。

（6）再单击【确定】，即可看到纸样列表框内显示纸样，号型列表框内显示各号型纸样数量（图5-24）。

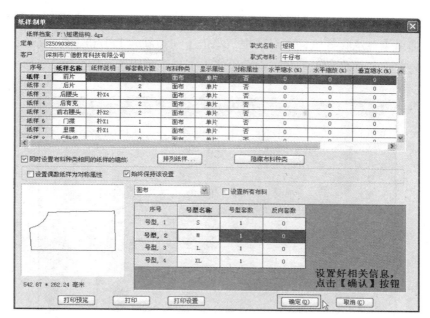

图5-22 【纸样制单】对话框

图5-23 【选取款式】对话框

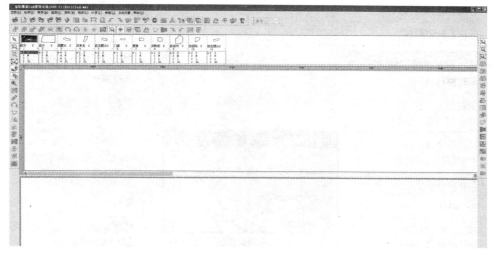

图5-24 纸样列表框内显示纸样

（7）这时需要对纸样的显示与打印进行参数的设定。单击【选项】→【在唛架上显示纸样】，弹出【显示唛架纸样】对话框，单击【在布纹线上】和【在布纹线下】右边的三角箭头，勾选【纸样名称】等所需在布纹线上下显示的内容（图5-25）。

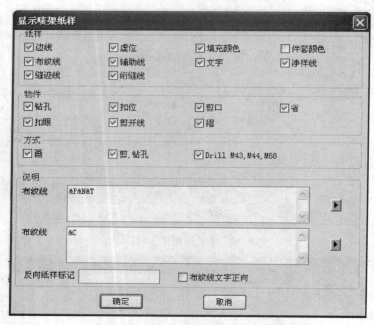

图5-25　【显示唛架纸样】对话框

（8）设置自动排料。

①单击【排料】→【自动排料设定】后弹出【自动排料设置】对话框，选择【精细】→单击【确认】，然后单击【排料】→【开始自动排料】（图5-26）。

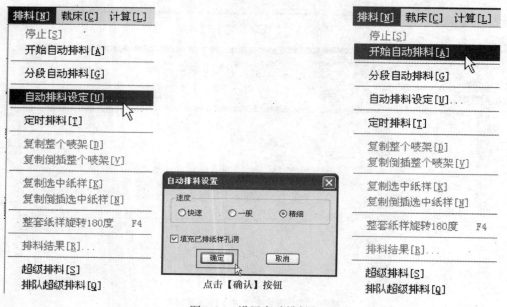

图5-26　设置自动排料

②自动排料（图5-27）。

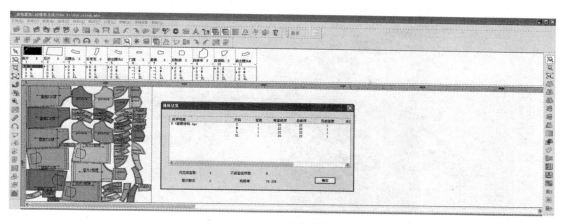

图5-27　自动排料

（9）采用人机交换排料（图5-28），人机交换排料结果（图5-29）。

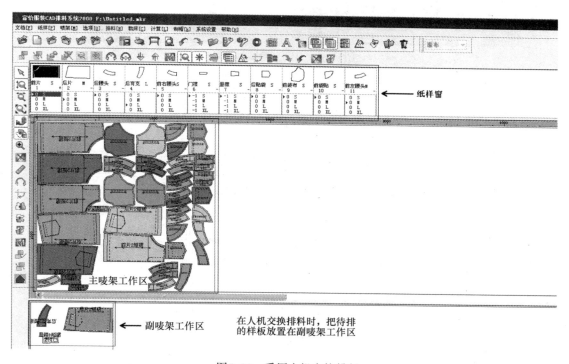

图5-28　采用人机交换排料

（10）单击【文档】→【另存】，弹出【另存为】对话框，保存唛架。排料文档（图5-30）。

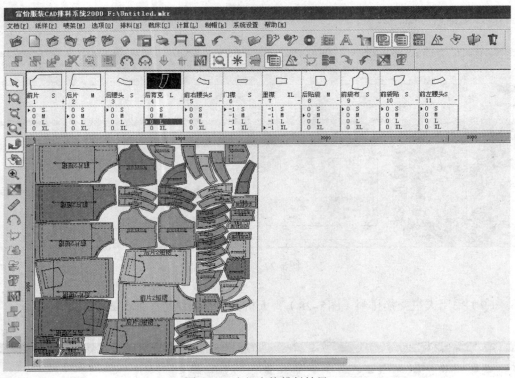

图5-29　人机交换排料结果

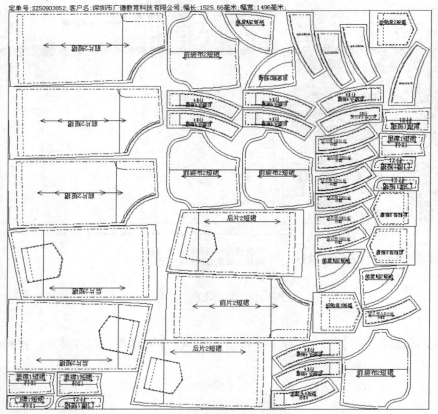

图5-30　排料文档

思考与练习题

1.运用富怡V8服装CAD做2款裙子放码与排料。

2.运用富怡V8服装CAD做2款裤子放码与排料。

3.运用富怡V8服装CAD做2款衫衣放码与排料。

4.运用富怡V8服装CAD做2款童装放码与排料。

5.运用富怡V8服装CAD做2款男装放码与排料。

第六章

日升服装CAD系统

课题名称： 日升服装CAD系统

课题内容： 日升服装CAD系统概述

日升服装CAD打板系统

日升服装CAD推板系统

日升服装CAD排料系统

课题时间： 24课时（理论12课时，实践12课时）

训练目的： 了解日升服装CAD系统，掌握日升服装CAD系统打板、推板、排料的使用方法、操作技巧及操作流程，能熟练运用各种工具进行打板、推板、排料操作。

教学方式： 以实际生产任务为载体，模拟工业化生产的过程，要求学生做系统的训练，即完成从结构设计、工业样板设计、到推板、排料的一系列工作。通过综合训练，把单个工具的使用方法和实际任务相结合，提高学生的熟练程度和解决实际问题的能力。

教学要求： 1.使学生能灵活应用打板系统各工具制作工业纸样。

2.使学生能熟练掌握推板系统中各工具的操作方法。

3.使学生能熟练运用自动排料和交互式排料方式排料。

日升NacPro服装CAD是在Nac2000系统的基础上开发出来的新一代服装CAD系统。日升NacPro服装工艺CAD系统包括服装打板模块、推板模块和排料模块三个部分。

第一节 日升服装CAD系统概述

一、日升NacPro服装CAD系统的安装

（1）双击安装程序中的 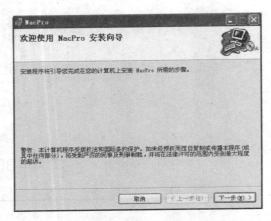 安装图标，安装界面如图6-1所示。

图6-1 【NacPro】安装向导

（2）单击【下一步】按钮，出现【选择安装文件夹】界面，如图6-2所示。选择安装路径，系统默认为C：\NacPro\。若要更改安装路径，可单击【浏览】按钮，重新选择安装路径。

（3）单击【下一步】按钮，出现【确认安装】界面，如图6-3所示。

（4）单击【下一步】，软件开始安装，如图6-4所示。

（5）安装完成后，出现如图6-5所示的界面，单击【关闭】按钮，即完成了Nacpro服装CAD软件的安装。在开始菜单中新增加了"Nacpro"菜单。

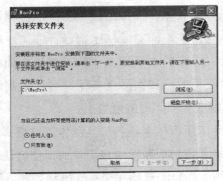

图6-2 选择安装文件

图6-3 确认安装

图6-4 正在安装

图6-5 安装完成

二、日升NacPro服装CAD系统的启动

（1）单击Windows桌面左下角的【开始】按钮，在【所有程序】中选择【Nacpro】。从弹出的二级菜单中单击【Nacpro】，进入Nacpro服装CAD系统的主界面，如图6-6所示。

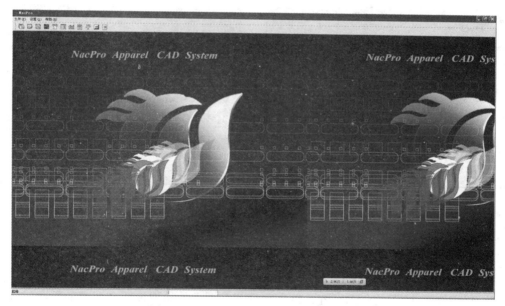
图6-6 日升NacPro服装CAD系统主界面

（2）主界面的工具条如图6-7所示，单击相应图标，可以进入不同的模块。

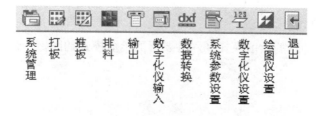
图6-7 主界面工具条

三、工具图标和右键菜单的定制

日升NacPro服装CAD系统中，选择某一工具有三种方法：

（1）从菜单中选择。

（2）从工具条中选择。使用者可以按自己的操作习惯定制工具条。

执行【选项】→【定制】命令，弹出【定制菜单和工具条】对话框，如图6-8所示，点击【工具条】选项卡，显示全部工具图标，拖动不常用的工具图标到此对话框中，可收回图标；拖动对话框中的图标到工具条中的某个位置，可加入图标。

（3）从右键菜单中选择。使用者可以按自己的操作习惯定制右键菜单。

执行【选项】→【定制】命令，弹出【定制菜单和工具条】对话框。点击【菜单】选项卡，如图6-9所示，选中窗口左方下部【命令】中的工具，点击【增加】移动到右键菜单中，【删除】可从右键菜单中去掉，按【确定】键完成右键的定制。

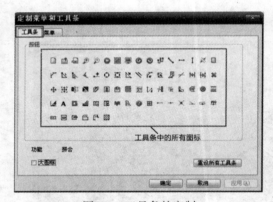
图6-8　工具条的定制

图6-9　右键菜单的定制

四、点类型及要素的拾取模式

学习日升NacPro服装CAD系统，首先要理解掌握点的拾取模式和要素的拾取模式。它们普遍存在于各个功能中，通过点和要素模式的变换，能够方便地找到所需要的点及要素，更加快捷地绘制出理想的服装板型。

点的拾取模式默认选项为【端点】，要素的拾取模式默认选项为【领域上】。当要选择其他模式时，需要切换。

表6-1列出了七种点的拾取模式和六种要素的拾取模式的图标、快捷键及使用方法。

表 6-1 NacPro 服装 CAD 系统点的拾取模式和要素的拾取模式列表

名称	图标	快捷键	功能及使用方法	图例
任意点		F1	工作区中任意位置点 例：画线段① 【画线】工具，指示点列[端点]： F1切换成【任意点】，左键单击工作区任意位置▽1、▽1，右键结束	
端点		F2	线段的端点及距离端点一定距离的点。输入正值代表点在要素上，输入负值代表点在要素的延长线上 例1：连接A、B点，见图a 【画线】工具，指示点列[端点]：鼠标靠近线①，当A点加亮显示时单击线①；鼠标靠近线②，当B点加亮显示时单击线②，单击右键确认。 例2：连接C、D点，C点距A点3cm，D点距B点5cm，见图b 【画线】工具，指示点列[端点]：输入框中输入3，按【Enter】键，鼠标靠近线①，当C点加亮显示时单击线①；输入框中输入-5，按【Enter】键，鼠标靠近线②，当B点加亮显示时单击线②，右键确认	a b
中心点		F3	要素的中点 例：连接A、B点，A点为线①中点，B点为线②中点 【画线】工具，指示点列[端点]：F3键切换成【中心点】，单击线①，找到线①的中点A，单击线②，找到线②的中点B，单击右键确认	
交点		F4	两条要素的交点 例：连接A、B点，A点为线①、线②的交点 【画线】工具，指示点列[端点]：F4键切换成【交点】，单击线①、线②，找到两要素的交点A；F2键切换成【端点】，鼠标靠近线③，当B点加亮显示时单击线③，右键确认	
投影点		F5	要素上任意位置点 例：连接A、B点，A点、B点是线①、线②上的任意点 【画线】工具，指示点列[端点]：F5切换成【投影点】，单击线①，线②，右键确认	

名称	图标	快捷键	功能及使用方法	图例
比率点		F6	要素上一定比例的点 例：连接 A、B 点，A 点为线①的 $\frac{1}{3}$ 点，B 点为线②的 $\frac{1}{4}$ 点 【画线】工具，*指示点列[端点]*：F6 键切换成【比率点】，输入框中输入 0.33，按【Enter】键，鼠标靠近线①，当 A 点加亮显示时单击线①；输入框中输入 0.25，按【Enter】键，鼠标靠近线②，当 B 点加亮显示时单击线②，右键确认。注意，输入框中只能输入小数	
参数点		F7	与其他点有函数关系的点，与上述 6 个点组合使用。包括 3 种参数点模式：移动点、两点间移动点、要素上移动点 1. 移动点 例：连接 B、C 点。C 点距 A 点横偏移 3cm，纵偏移 6cm 【画线】工具，*指示点列[端点]*：F7 键切换成【参数点】，在弹出的【参数点】对话框中选择"移动点"，【横偏移】中输入 3，【纵偏移】中输入 6，单击【确定】。指示点：A 点（从 A 点按输入的偏移量找到 C 点），B 点，右键确认 2. 两点间移动点 例：连接 A、B 点。B 点距 C 点 3cm 【画线】工具，*指示点列[端点]*：F7 键切换成【参数点】，在弹出的【参数点】对话框中选择"两点间移动点"，"两点间移动方式"选择"端点"，【移动量】中输入 3，单击【确定】。指示两点：C 点，D 点（沿 C、D 连线距 C 点 3cm 找到 B 点）；指示点列：A 点，单击右键确认 3. 要素上移动点 例：连接 A、B 点。B 点距 C 点 3cm 【画线】工具，*指示点列[端点]*：F7 键切换成【参数点】，在弹出的【参数点】对话框中选择"要素上移动点"，【移动量】中输入 3，单击【确定】。指示点：C 点，指示要素：靠近 D 点点击线①，指示点列：A 点，右键确认	

续表

名称	图标	快捷键	功能及使用方法	图例
要素		F8	指单一的线段、圆、文字、记号等，需要用鼠标一个一个指示。当鼠标滑过要素时，要素变蓝 例：删除线①，线② ❋【删除】工具,指示要素[领域上]:F8键切换成【要素】，一条一条选取。单击线①、线②，单击右键确认，删除完成	
领域内		F9	选择框内完全包含的要素 例：删除线② ❋【删除】工具,指示要素[领域上]:F9键切换成【领域内】，指示选择框对角两点▽1、▽2，线②被选中，变蓝色，单击右键确认，删除完成	
领域上		F10	选择框内完全包含的要素及和选择框相交的要素 例：删除线①，线② ❋【删除】工具,指示要素[领域上]:指示选择框对角两点▽1、▽2，线①、线②均被选中，变蓝色，单击右键确认，删除完成	
布片		F11	选取做成的布片，包括布片上的全部要素 例：删除领片。 ❋【删除】工具,指示要素[领域上]:F11键切换成【布片】鼠标变成"手形"，指示领片，单击右键确认，删除完成	衬衫领女衬衫：翻领*1:165/88 (A:正1反0)
连线要素			选取首尾相连的多个要素 例：删除线①、线②、线③ ❋【删除】工具,指示要素[领域上]:点击图标，切换成【连线要素】，单击▶◀1，右键确认，则线①、线②、线③一起选中被删除	
最小外周		F12	选择框内最小封闭区域 例：填充 【作图】→【区域填充】工具，指示填充区域:指示封闭领域1，右键确认；指示基准点:任意一点，弹出【填充设定】对话框，按提示选择填充面料，单击【确定】	

第二节　日升服装CAD打板系统

一、工作界面介绍

在日升NacPro服装CAD系统主界面上，单击打板图标 ⊞，可以进入打板系统界面，如图6-10所示。

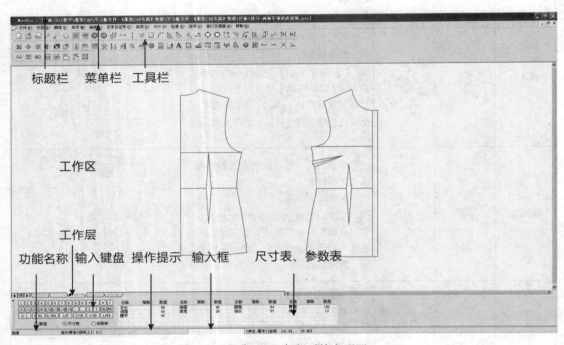

图6-10　日升NacPro打板系统主画面

1.标题栏

标题栏位于操作界面最上方的蓝色区域。标题栏的左端显示应用程序的图标 🌿 和程序名称。

2.菜单栏

菜单栏是放置菜单命令的地方，工具条中的所有工具均包含在内。对于常用命令，下拉菜单的右边给出了该命令的快捷键方式。

3.工具栏

常用的工具以图标的方式放在工具栏中，方便操作者选择。执行【窗口及画面】中的相应功能，能够实现工具条的显示与隐藏。

4.工作区

工作区是操作界面中进行打板、编辑、修改的区域。

5.工作层

一个号型在一个工作层，单击层标签，可以浏览每层上的所有衣片。单击 🗗 多层显示按钮，可以同时显示所有层。

6.功能名称

该区域显示当前所选择的功能的名称。

7.操作提示

操作提示显示当前功能的操作步骤及方法。日升NacPro的操作提示是个很好的老师，每一步的操作方法都写得很清楚，只要操作者按照提示信息操作，就可以完成每一个功能。所以，操作者要学会看操作提示中的每一个提示信息。

（1）例1：选择【删除】工具，操作提示上显示如下信息，如图6-11所示。

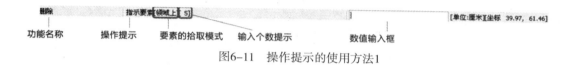

图6-11 操作提示的使用方法1

①【领域上】：表示要素的拾取模式，共有6种，分别是【要素】、【领域内】、【领域上】、【布片】、【连续要素】、【最小外周】。可以通过F8到F12键切换，系统默认为【领域上】模式。

②【5】：表示拾取的要素个数。当出现要素个数的提示时，选择完毕后需单击右键确认。

（2）例2：选择【画线】工具，操作提示上显示如下信息，如图6-12所示。

图6-12 操作提示的使用方法2

①【端点】：表示点的拾取模式，共有7种，分别是【任意点】、【端点】、【中心点】、【交点】、【投影点】、【比例点】、【参数点】，可以通过F1到F7键切换，系统默认为【端点】模式。

②【3】：这个数值是通过键盘在输入框中输入的，表示距离指示端端点的距离。指示端端点为当鼠标靠近某要素时加亮显示的点。在此例中，数值输入框中输入3，即可找到距离指定端点3cm的点。特别提醒：一定要在端点模式下输入数值，且按【Enter】键，才能找到指定点，否则输入结果无效。

8.输入框

输入操作过程中所需要的数据及文字。

二、工具条介绍

1.工具条（图6-13、表6-2）

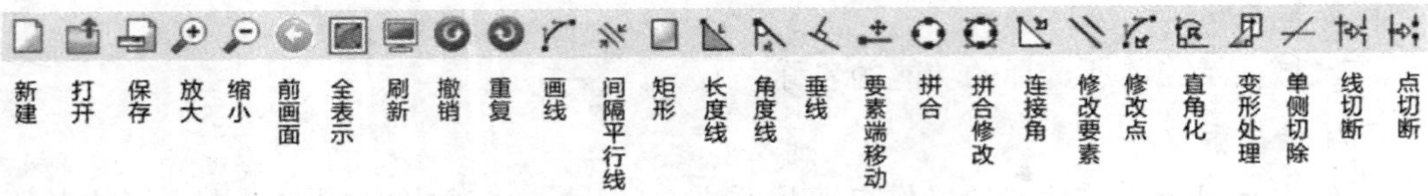

图6-13　工具条

表 6-2　工具条功能和介绍

工具名称	图标	功能
新建		创建一个新画面
打开		打开已经保存的文件
保存		将当前画面上的内容保存
放大		将指定的领域放大到充满工作区
缩小		整个画面缩小$\frac{1}{2}$
前画面		回到前一画面状态
全表示		将打开号型中的所有图形表示在屏幕中
刷新		清扫画面，当画面上出现不清楚状态时使用
撤销		回到上一步操作
重复		在进行撤销操作后回到下一步操作，与撤销功能相反
画线		画水平线、垂直线、两点线、曲线
间隔平行线		按指定距离做指定线的平行线
矩形		画矩形
长度线		画从一点到要素的定长直线
角度线		作与某要素成一定角度的线
垂线		作指定线的垂线
要素端移动		将单个位置上的要素端点移动到新位置
拼合		将一条或多条直线或曲线拼合成一条曲线
拼合修改		通过拼合将一条或多条线进行整体修改
连接角		将两要素的端点连接起来
修改要素		调整要素长度
修改点		通过改变曲线上的指示点，两个指示点间的曲线形状被修正
直角化		使曲线与基准线成90°夹角
变形处理		将要素按要求变形
单侧切除		相当于切断要素，对被修正要素进行伸缩处理
线切断		将指定要素在某条线处分割成两部分
点切断		将指定要素在某个点处分割成两部分

2.纸样工具条（图6-14、表6-3）

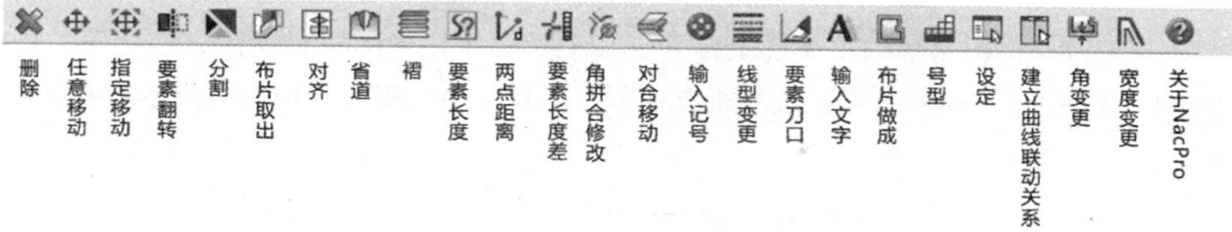

图6-14 纸样工具条

表 6-3 打板系统纸样工具条功能和介绍

序号	工具名称	图标	功能
1	删除		删除指定要素
2	任意移动		任意移动要素
3	指定移动		定量或定向移动要素
4	要素翻转		以指示要素为基准线进行翻转
5	分割		分割纸样
6	布片取出		取出闭合要素，将其做成布片
7	对齐		使布片以某点为基准将各号型对齐
8	省道		做省道
9	褶		做褶
10	要素长度		测量所指示要素的长度
11	两点距离		测量任意两点间的水平距离、垂直距离、直线距离、线上距离
12	要素长度差		测量两组要素的长度和他们之间的差值及各号型的长度差
13	角拼合修改		通过拼合修改构成角度的曲线要素
14	对合移动		将纸样拼合后修改
15	输入记号		在指定位置使用库中的记号
16	线型变更		变更要素的线型
17	要素刀口		由内部线向缝边加剪口
18	输入文字		在指定位置输入文字
19	布片做成		将封闭要素做成布片
20	号型		打开尺寸表
21	设定		设定打板时的系统默认选项
22	建立曲线联动关系		建立两组曲线之间的联动关系
23	角变更		加缝边后修改缝边角类型
24	宽度变更		修改缝边的宽度
25	关于 NacPro		显示 NacPro 的版本信息

三、菜单介绍

日升NacPro打板系统的菜单栏上排列了12大类命令，如图6-15所示，应用菜单中的命令可以完成日升NacPro打板系统的所有任务。工具条中的所有工具都包含在菜单中（表6-4）。

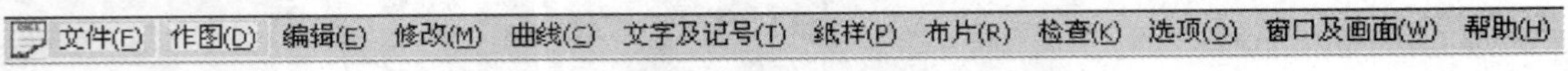

文件(F) 作图(D) 编辑(E) 修改(M) 曲线(C) 文字及记号(T) 纸样(P) 布片(R) 检查(K) 选项(O) 窗口及画面(W) 帮助(H)

图6-15 打板系统菜单

表6-4 打板系统菜单功能及介绍

序号	菜单名称	功能
1	文件	包括了一系列的文件管理命令，如新建、打开、保存等
2	作图	包括了一系列的画图命令，如画曲线、水平线、垂直线、角度线、圆、垂线、等分线、褶线等
3	编辑	包括样板的移动、旋转、翻转等纸样编辑命令
4	修改	包括与修改样板相关的一系列命令，如端移动、长度修改、圆角、放缩等
5	曲线	包括与曲线相关的一系列命令，如修改点、相似、拼合、曲线登陆、建立或取消联动关系等
6	文字及记号	集中与文字、记号、线型相关的一系列命令
7	纸样	包括对纸样操作的一系列命令，包括省、褶、剪口等
8	布片	包括和布片做成、缝边相关的一系列命令
9	检查	包括对样板进行检查和核对的相关命令
10	选项	包括线型、切割、对称等辅助功能设置的命令
11	窗口及画面	包括窗口及画面管理的相关命令
12	帮助	包括本系统工具、菜单的使用方法

四、打板方式

日升NacPro服装CAD打板系统采用的打板方式主要有两种：数值表法和尺寸表法。在打板界面的左下方选择打板方式，如图6-16所示。数值表法是指通过输入数值控制制图过程；尺寸表法是指通过输入公式控制制图过程。不仅如此，尺寸表法制图在绘制基础层纸样的同时，其他各号型纸样都将一并画出。单击 ⧉【多层显示】图标，显示为网状图，既打好板又推好板。参数表法不是独立的制板方法，是将打板过程中产生的尺寸再利用到制板中的一种方法。

图6-16 打板方式

五、纸样设计实例——时装裙制板

1.款式图（图6-17）

正面　　　　　　　　　背面

图6-17　时装裙款式图

2.时装裙规格尺寸表（表6-5）

表6-5　时装裙规格表　　　　　单位：cm

号型 部位	S 155/64A	M（基础板） 160/68A	L 165/72A	XL 170/76A	档差
裙长	58.5	60	61.5	63	1.5
腰围	64	68	72	76	4
臀围	90	94	98	102	4

3.时装裙CAD制板

（1）时装裙结构图（图6-18）。

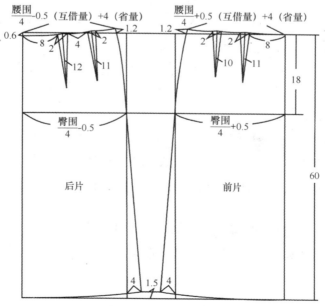

图6-18　时装裙结构图

（2）变化款式（图6-19、图6-20）。

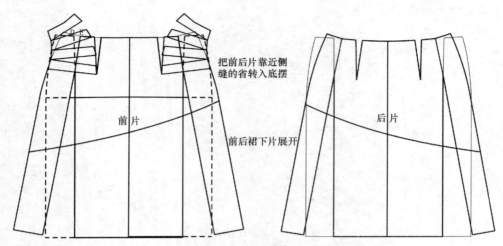

把前后片靠近侧缝的省转入底摆

前片

前后裙下片展开

后片

图6-19　时装裙的款式变化

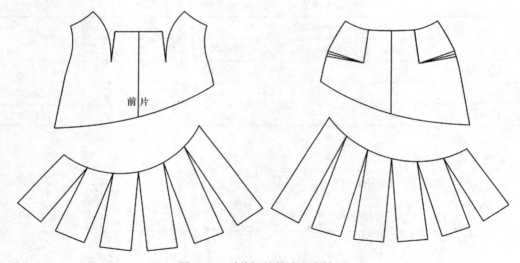

前片

图6-20　时装裙的款式变化结果

4.时装裙CAD制板步骤

（1）环境设定。双击 NacPro图标，进入主画面，单击工具栏中 【系统参数设置】图标，弹出【系统参数设置】对话框，设置如图6-21所示。

（2）单击打板图标，进入打板界面。单击 【新建】，进入【尺寸表】对话框，如图6-22所示。

①填写项目名。右键单击【项目名】可插入项目、删除项目。选择【插入项目】，然后填写衣片部位名称，如裙长、腰围等，可直接填写；也可打开名字库，双击序号填写。

②填写号型。

图6-21　系统参数设置

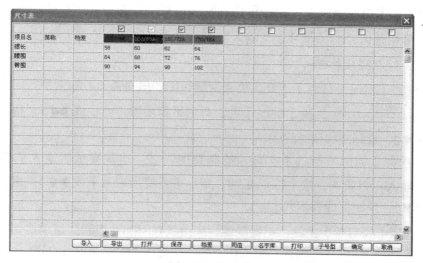

图6-22　尺寸表

A. 在【号型行】上单击右键可进行追加层、追加多层、插入层、删除层、设颜色、设为基础层等操作。选择【追加多层】，可以一次追加5个层，然后输入号型如160/68A，165/72A等。

B. 在要设定为基础号的层上单击右键选择【设为基础号】，反灰显示，在其他号型前打勾。

C. 在想要更改颜色的号型层上单击右键选择【设颜色】，在跳出的颜色框中选择想要的颜色。

D. 填写基础号尺寸。在基础号层上填写所有部位的实际尺寸，在【档差】上填写每个部位的档差，单击尺寸表对话框下方的【档差】键，所有实际尺寸全部生成。

③保存。点击尺寸表下方的【保存】，尺寸表的保存格式为"*.siz"。

注意事项：

A. 单击【新建】进入尺寸表对话框后，总是保留上一次关闭时尺寸表状态，要想建立新尺寸表，选择【清空】。

B. 若想单独修改号型表中某个号型的尺寸，在要修改的号型对勾旁的矩形框内单击，变蓝显示后修改数值，则只有选中的号型尺寸变化，没选中的号型尺寸不变。

（3）选择打板方式。

在打板界面的左下方选择打板方式，如图6-23所示，此例选择【数值表】。

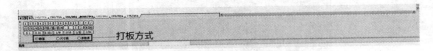

图6-23　打板方式

（4）绘制基础线。

①选择 □【矩形】工具，绘制前后裙片基础框架。鼠标在工作区内单击后向右下拖动，输入框中输入：47（尺寸表法输入：$\frac{臀围}{2}$），-60（尺寸表法输入：-裙长），按【Enter】键，绘制完成外框。

②选择 ※【间隔平行线】工具，绘制侧缝线①。出现提示：输入平行间隔：24（尺寸表法输入：$\frac{臀围}{4}$+0.5），按【Enter】键；指示平行要素：前中线 ◄► 1；指示平行侧：前中线左方▼2，绘制完成侧缝线①。

③继续选择【间隔平行线】工具，绘制臀围线②。出现提示后输入平行间隔：18（尺寸表法输入：臀长），按【Enter】键；指示平行要素中上平线 ◄► 3；指示平行侧中上平线下方▼2，绘制完成臀围线②。

④选择 ⺄【线切断】工具，把臀围线、底边线在a和b处切断。指示被切断要素：框选臀围线、底边线▼4，右键确认；指示切断线中侧缝线 ◄► 5，如图6-24所示。

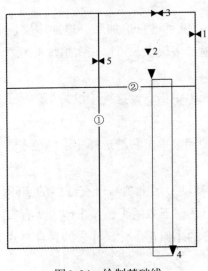

图6-24　绘制基础线

（5）绘制轮廓线。

①选择 ⺄【画线】工具，绘制前片腰线①。按【F7】键（参数点），选择【移动

点】，【横偏移】中输入-21.5（尺寸表法输入：$\frac{腰围}{4}+0.5+4$），【纵偏移】中输入0.7，单击【确定】。指示点：靠近线①，当A点加亮显示时点击上平线 ►◄ 1，找到侧腰点B；指示点列：单击任意点 ▼ 2，端点 ►◄ 1，画出腰线①。

②继续选择【画线】工具，绘制侧缝线②。端点模式点击 ►◄ 3，任意点 ▼ 4，端点 ►◄ 5，画出侧缝线②。

③选择 ⟋ 【修改点】工具，修顺侧缝线。

④用同样方法，绘出后片腰围线和侧缝线，如图6-25所示。

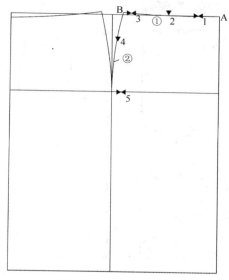

图6-25　绘制轮廓线

（6）做省道。

①选择 ⟋ 【垂线】工具，绘制省中线。指示基准要素：腰围线 ►◄ 1；输入垂线长度为11，按【Enter】键确定；指示通过点：输入框中输入8，按【Enter】键，当A点靠近腰围线呈现加亮显示时，单击腰围线 ►◄ 1；指示垂线延伸方向 ▼ 2，画出省中线①。

②选择 ⬚ 【省道】工具，生成省。在【省】对话框中设置省量2cm，无省折线，勾选"圆顺"；指示省尖 ►◄ 3，单击右键确认，生成省道，如图6-26所示。

③用同样方法，绘制其余省道的省中线，并生成省道，如图6-27所示。

（7）布片取出。

选择 ⬚ 【布片取出】工具，完成衣片的提取。指示取出形状：依次指示后片外轮廓线，右键确认；指示放置位置：在空白区域单击，弹出【布片取出】对话框。如图6-28所示，勾选【取出内部线】命令，取消布片生成前的对勾（布片取出结果为不加放缝边及文字），单击【确定】；此时提示栏中会显示【选择需要取出的内部线】，选择臀围线，右键确认，完成后片轮廓线的取出。同样方法完成前片轮廓线的取出，如图6-29所示。

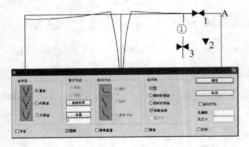

图6-26　做省道

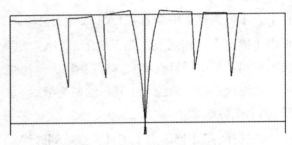

图6-27　省道生成结果

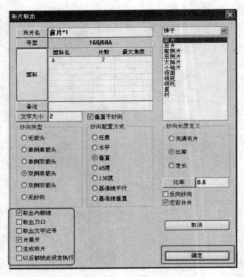

图6-28　布片展开对话框

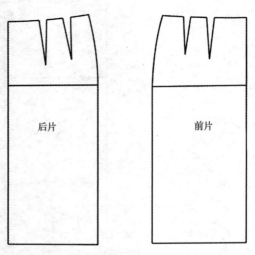

图6-29　布片取出

（8）把前片、后片靠近侧缝的省道转向下摆。

①选择　[画线]工具，绘制线①。端点模式下在前片上点击◂▸1，按【Ctrl】键切换成垂直线，再点击◂▸2。

②选择　[线切断]工具，把臀围线在A点切断，把底边线在B点切断。指示被切断要素：框选臀围线、底摆线，右键确认后指示切断线◂▸3。

③选择　[指定移动]工具，转移省道到下摆。指示要素：按【Shift】键切换成【旋转移动】，框选虚线显示的要素，单击右键确认；指示移动前两点：C点、D点；指示移动后两点：C点、E点；指示移动位置：任意位置单击鼠标左键，弹出【旋转移动设定】对话框，移动方式选择"距离对合"，"对合距离"输入10，单击【确定】。选择　[画线]工具，连接C、F两点，省道转移完成，如图6-30所示。

④同样方法，把后片靠近侧缝的省道转入下摆，转省后的结果如图6-31所示。

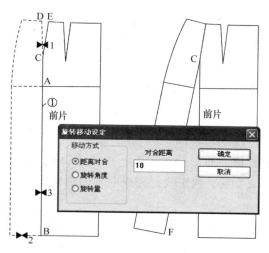

图6-30　省道转入下摆

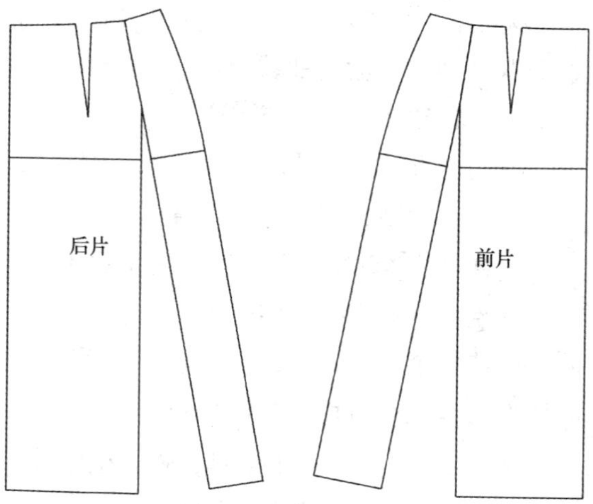

图6-31　前后片省道转入下摆结果

（9）前片省道处理。

①选择 ⟋【画线】工具，绘制辅助线①。端点模式下在前片上点击 ◤◢1，输入11，点击 ◤◢2，画出辅助线①。

②选择 ⊬【点切断】工具，在A点把侧缝线切断。

③选择 ◣【分割】工具，做前片纸样展开。在弹出的【分割】对话框中"分割类型"选择"等分割"，"分割方式"选择"两端定量"，"分割数"中输入3，"始点分割量"中输入0，"终点分割量"中输入3，单击【确定】；指示被分割要素：框选虚线显示的要素，右键确认；指示两边要素（从指示端分割）：◤◢3（靠近A点）、◤◢1，完成前片纸样的展开，如图6-32所示。

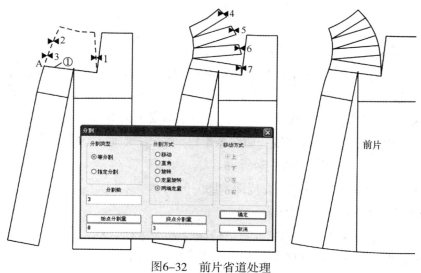

图6-32　前片省道处理

④选择 ⬡【拼合】工具，整理前片。指示拼合要素：◄►4、◄►5、◄►6、◄►7，单击右键确认；输入曲线点数6；指示曲线上的点：此时拖动鼠标可以调整曲线的形状，调整好后右键确认。

⑤同样方法，把前后片底边线、侧缝线、腰围线拼合并调整修顺。

（10）绘制分割线。

①选择 ✖【删除】工具，删除前片、后片所有没用的要素。

②选择 ▣▌【要素翻转】工具，把前片、后片做对称。指示要素：按住【Ctrl】键的同时框选整个前片，单击右键确认；指示翻转基准要素：前中线，完成前片的翻转复制，同样方法，完成后片的翻转复制。

③选择 ⟋【画线】工具，输入框中输入36，按【Enter】键，端点模式点击 ◄►1（靠近上端点），任意点▼2，切换成端点模式，输入框中输入22，按【Enter】键，点击 ◄►3（靠近上端点），画出前片分割线①。

④用同样方法，画出后片分割线②，如图6-33所示。

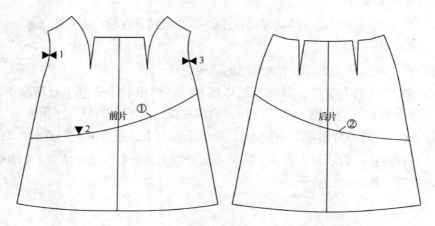

图6-33　作分割线

（11）分割衣片。

① ◩【分割】工具，分离纸样。在弹出的【分割】对话框中"分割类型"选择"指定分割"，"分割方式"选择"移动"，"分割量"中输入数值，此数值表示两部分衣片分离开的距离，"移动方式"选择"上"，单击【确定】；指示被分割要素：框选整个前裙片，单击右键确认；指示分割线：曲线 ◄►1，单击右键确认；指示移动侧：曲线上方任意点▼2，完成前片分割，如图6-34所示。

②用同样方法完成后片分割。完成图如图6-35所示。

（12）后片上侧省道转移及修顺。

①选择 ⟋【画线】工具，作后片省道转移的辅助线①、②。

②选择【纸样】→【指定移省】工具，转移腰省到侧缝。指示移动要素：框选▽1，

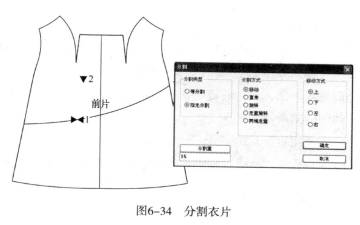

图6-34　分割衣片

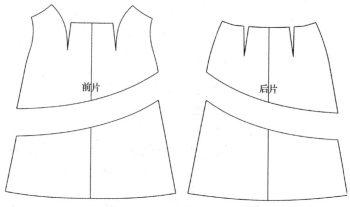

图6-35　分割衣片结果

单击右键确认；指示移动基准要素：▶◀2；从移动侧至固定侧指示省线：▶◀3、▶◀4；指示断开要素：▶◀5；指示切开线：▶◀2，单击右键确认，腰省转移至侧缝。

③【纸样】→【省折线】工具，作省折线。指示省：依次点击省道的上边线、下边线，给省道加上省折线，如图6-36所示。

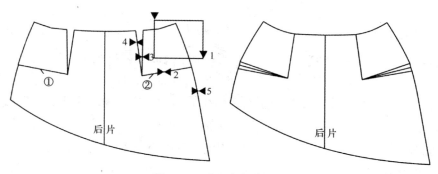

图6-36　后上片省道转移

（13）前后裙下片做分割展开。

① ◥【分割】工具，"分割类型"选择"等分割"；"分割方式"选择"定量旋转分割"；"分割数"中输入数值5；"旋转长度"中输入数值5，单击【确定】。指示被分割要素：框选整个前裙片下部，单击右键确认；指示两边要素：曲线 ▷◁1，▶◁2，完成前下片的分割展开，如图6-37所示。

②用同样方法，完成裙后下片的展开。

③选择 ◉【拼合】工具，把前后片底边线拼合成一条并修圆顺，并删除多余线条，如图6-38所示。

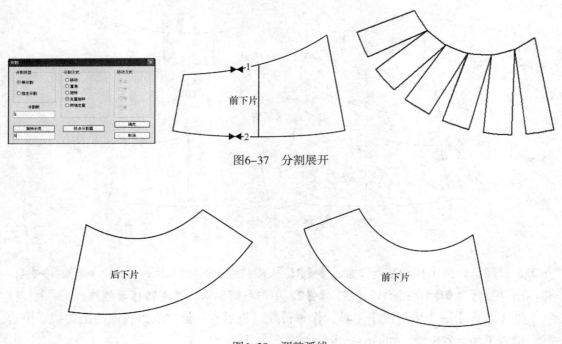

图6-37　分割展开

图6-38　调整弧线

（14）生成布片。

①选择 ▣【布片做成】工具，生成布片。指示布片：框选整个布片，单击右键确认，在弹出的【布片做成】对话框（图6-39）中设置名称、片数、纱向类型、配置方式、纱向长度等，点击【确定】，则生成了布片，生成布片结果如图6-40所示。前后裙下片纱向配置方式选择"和要素平行"，平行要素为前后中线，其余衣片选择"垂直"。

②生成布片后，如果想更改布片名称、片数、纱向等属性，可以执行【布片】→【修改布片属性】命令，修改相关信息。

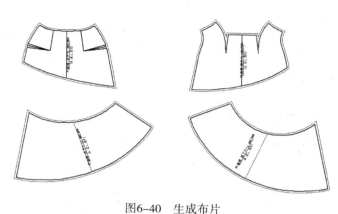

图6-39 【布片做成】对话框　　　　　　图6-40 生成布片

第三节　日升服装CAD推板系统

放码系统即推板系统，日升NacPro推板系统功能强大，操作简洁，能方便地实现板师的各种技术要求。

一、工作界面介绍

在日升NacPro系统主界面上，单击推板图标 ▦ ，或者在打板系统中选择【文件】→【推板】命令，也可直接进入推板系统，如图6-41所示为推板系统主界面。

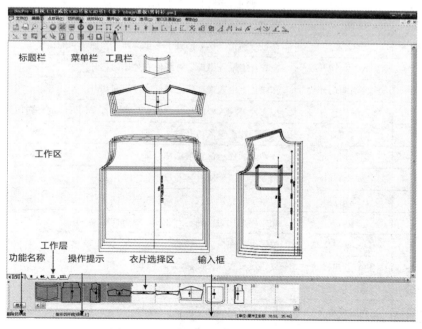

图6-41　日升服装CAD推板系统主画面

推板界面组成部分除衣片选择区外，其他均与打板界面相同。点击衣片选择区中的布片，该布片进入工作区，也可单击【编辑】菜单下的【布片全选】、【布片收回】、【布片全部收回】，使布片进入或离开工作区。衣片选择区和键盘输入区的切换是通过界面左下方的 布片 按钮来完成的。

二、工具条介绍

1. 推板工具条1（图6-42、表6-6）

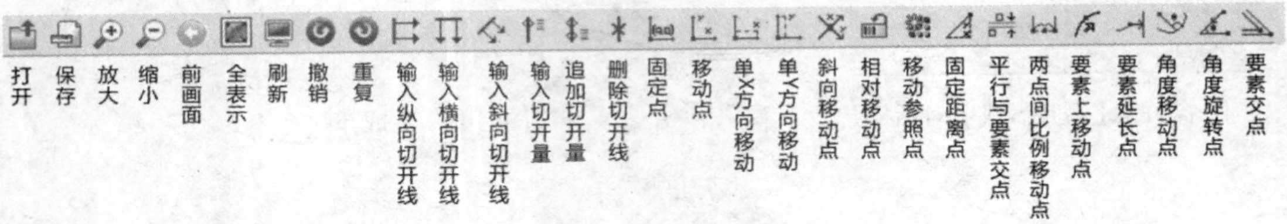

图6-42　推板工具条1

表 6-6　推板工具条 1 功能及介绍

序号	图标	名称	功能
1		打开	打开已经保存的文件
2		保存	将当前画面上的内容保存
3		放大	将指定的领域放大到充满工作区
4		缩小	整个画面缩小 $\frac{1}{2}$
5		前画面	回到前一画面状态
6		全表示	将打开号型中的所有图形表示在屏幕中
7		刷新	清扫画面，当画面上出现不清楚状态时使用
8		撤销	回到上一步操作
9		重复	在进行撤销操作后回到下一步操作，与撤销功能相反
10		输入纵向切开线	在衣片上输入纵向切开线使衣片横向切开
11		输入横向切开线	在衣片上输入横向切开线使衣片纵向切开
12		输入斜向切开线	在衣片上输入斜向切开线使衣片沿垂直于切开线的方向切开
13		输入切开量	在切开线上输入切开量
14		追加切开量	在切开线任意位置增加切开量
15		删除切开量	删除切开线上所有切开量
16		固定点	把指定的点作为放码原点，横纵方向无移动量
17		移动点	此放码点相对于固定点在横、纵方向移动
18		单 X 方向移动	放码点只在横方向移动
19		单 Y 方向移动	放码点只在纵方向移动
20		斜向移动点	按旋转后的坐标系给放码点加上横、纵偏移量
21		相对移动点	相对其他放码点在横、纵方向移动

续表

序号	图标	名称	功能
22		移动参照点	此放码点参照已知放码点的放码规则
23		固定距离点	在已知的水平线、垂直线或要素上移动，且与已知点的距离差是变量
24		平行与要素交点	放码点在水平方向或垂直方向或沿要素方向移动，且此点与另一点的连线放码后保持平行
25		两点间比例移动点	此放码点在已知的两放码点间按原比例移动
26		要素上移动点	此放码点在已知的要素上移动，距要素起点的距离是变量
27		要素延长点	放码点与已知要素平行，并在横向、纵向、或沿要素方向定量移动
28		角度移动点	放码后保持相交的两要素夹角不变
29		角度旋转点	放码点按一定的角度进行旋转，并按一定的长度伸缩
30		要素交点	此放码点是已知两条要素移动后的交汇点

2.推板工具条2（图6-43、表6-7）

图6-43 推板工具条2

表6-7 推板工具条2功能及介绍

序号	图标	名称	功能
1		长度控制点	放码点在横方向或纵方向有一个移动量，且保证要素长度的档差或放码点在横向或纵向有一个移动量，且保证两点间直线距离的长度
2		对称点	放码点的放码规则与参照点的放码规则关于两点连线相对称
3		规则参照点	调用规则表，具有相同放码规则的点可直接复制使用
4		删除放码规则	删除选中的放码点的放码规则
5		要素垂直方向移动点	使要素沿它的垂直方向平行移动并保证要素有固定的长度差
6		按基准点展开	在输完切开线与切开量或输完点规则后，按指定基准点将衣片打开成号型展开图
7		展开	在输完切开线与切开量或输完点规则后，将衣片打开成号型展开图
8		对齐	放码后的衣片按指定基准线进行对齐
9		规则检查	查看放码点的放码规则及所有号型的横纵偏移量
10		显示毛样	在纸样上显示缝边
11		显示点号	在纸样上显示放码点号
12		显示切开线	在纸样上显示切开线

三、菜单介绍

日升NacPro推板系统的菜单栏上排列了10大类命令，如图6-44、表6-8所示，应用菜单中的命令可以完成日升NacPro推板系统的所有任务。

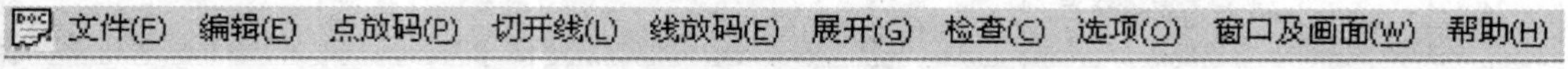

文件(F) 编辑(E) 点放码(P) 切开线(L) 线放码(E) 展开(G) 检查(C) 选项(O) 窗口及画面(W) 帮助(H)

图6-44 日升NacPro推板系统菜单

表6-8 推板菜单功能及介绍

序号	名称	功能
1	文件	包括一系列的文件管理工具
2	编辑	包括放码点的增删和布片的放收等一系列对纸样的编辑命令
3	点放码	包括一系列的点放码命令
4	切开线	包括一系列的切开线放码命令
5	线放码	包括一系列的线放码命令
6	展开	包括纸样展开、按基准点展开命令
7	检查	包括对推板结果的检查和核对的命令
8	选项	包括放码系统默认选项设定的命令
9	窗口及画面	包括管理窗口及画面的命令
10	帮助	包括操作说明、版本等相关信息

四、推板方式

日升NacPro服装CAD的推板系统采用的主要推板方式有点放码、切开线放码、线放码三种类型。

1.点放码

点放码又称为坐标放码法。它是目前CAD系统中应用最为成熟和广泛的推板方法。日升NacPro的点放码法和其他CAD软件的点放码法类似，都是对放码点逐个输入放码规则来进行推放。因此，放码量的正确给定是推板准确与否的关键所在。

日升NacPro服装CAD的点放码方式又分为数值表方式和尺寸表方式。

（1）数值表方式：各放码点的放码量以数值的形式输入。

（2）尺寸表方式：各放码点的放码量依据制板方式以代数式的形式输入。

在"键盘显示"状态下，屏幕左下方可以在"数值"和"尺寸表"方式中切换，如图6-45所示。"参数表"不能单独使用，它是在推板过程中使产生的尺寸再利用的一种方式。

图6-45　选择推板方式

2.切开线放码

切开线法是在衣片尺寸变化的部位加上假想的切开线，通过在这些部位拉开或者重叠衣片一定的量，得到放大或缩小号型的样板。每条线的切开量也是依据各部位的档差值来确定的。切开线放码是比较科学、灵活、优秀的计算机放码方法之一，和手工放码相比，不用逐点分析移动量，缩短了分析计算大量数据的时间。这种方式是人工放码无法实现的，从中可以体会到计算机放码的优势。

3.线放码

日升NacPro服装CAD的线放码方式是一种特殊的推板方式，针对衣片的某个要素，沿着其垂直方向平行展开，可以按照某一端的固定点或两端点做定量伸缩。

五、推板实例1——灯笼裤（点放码法）

1.灯笼裤款式图（图6-46）

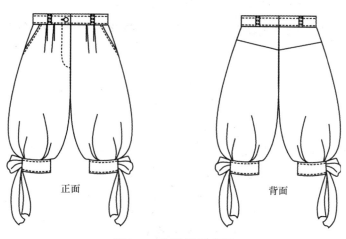

正面　　　　　　　背面

图6-46　灯笼裤款式图

2.灯笼裤规格尺寸表（表6-9）

表6-9　灯笼裤规格尺寸表 （单位：cm）

部位 \ 号型	S	M（基础板）	L	XL	档差
	155／64A	160／68A	165／72A	170／76A	
裤长	56	57	58	59	1
腰围	64	68	72	76	4
臀围	88	92	96	100	4
立裆（不含腰）	24.8	25.5	26.2	26.9	0.5
裤口	40	42	44	46	2

3.操作方法

（1）推板准备。

①单击日升NacPro主画面上 ▦【推板】图标，在推板主界面上单击 📂【打开】工具，找到要推板的文件。或者如果正处在打板系统中，可以单击【文件】→【推板】，进入到推板系统。

②单击界面左下方的【布片】按钮，可以在"布片显示状态"和"尺寸表状态"间切换。

③选择推板方式。日升NacPro提供数值、尺寸表、参数表三种推板方式。在尺寸表状态下界面的下方可以切换推板方式。在推一套样板中可以只选择一种方式推板，也可以三种方式同时使用。本例中选择"数值"方式放码。

④单击【选项】→【设定】，取消【毛样】前的对勾，或单击【显示毛样】按钮，关掉缝边，这样推板比较容易分辨轮廓，如图6-47所示。

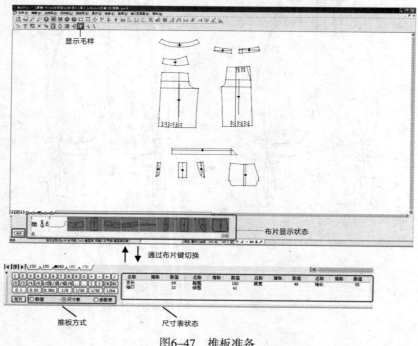

图6-47　推板准备

（2）建立尺寸表。

如果样板是通过日升NacPro打板系统完成的，尺寸表是建立好的，在推板系统中可以修改数值；如果样板是通过数字化仪输入的，需要建立尺寸表，方法同"纸样设计实例——时装裙制板"，本例中使用的尺寸表如图6-48所示。

（3）前片轮廓线推板。

①选择 【固定点】工具，指示放码点，框选点1，单击右键确认。另外，如果点1不是断点，需要先在点1处切断。

②选择 【移动点】工具：

A. 指示放码点：框选点2，单击右键确认，屏幕下方横偏移对应的输入框中输入−0.4，纵偏移对应的输入框中输入0.5，单击【确认】。

B. 指示放码点：框选点3，单击右键确认，屏幕下方横偏移对应的输入框中输入0.6，纵偏移对应的输入框中输入0.5，单击【确认】键。

C. 指示放码点：框选点10，单击右键确认，屏幕下方横偏移对应的输入框中输入0.6，纵偏移对应的输入框中输入0.16，单击【确认】键。

尺寸表								
			☑	☑	☑	☑	☑	
项目名	简称	档差		S		L	XL	
腰围			60	64	68	72	76	
臀围			94	98	102	106	110	
裤长			63	64	65	66	67	
立裆			24	24.5	25	25.5	26	
裤口			36	38	40	42	44	

图6-48 灯笼裤推板尺寸表

③ 【单x方向移动点】工具，指示放码点：框选点11，右键确认，屏幕下方横偏移对应的输入框中输入：0.6，单击【确认】。

④ 【移动点】工具，指示放码点：框选点13，右键确认，屏幕下方横偏移对应的输入框中输入：0.5，纵偏移对应的输入框中输入：−0.5，单击【确认】。

⑤ 【移动参照点】工具。

A. 选择参照方式： 【反x同y】；指示放码点：框选点14，单击右键确认；指示参照点：点13。

B. 选择参照方式： 【单反x】；指示放码点：框选点21，单击右键确认；指示参照点：点11。

⑥ 【移动点】工具，指示放码点：框选点22，单击右键确认，屏幕下方横偏移对应的输入框中输入：−0.4，纵偏移对应的输入框中输入：0.16，单击【确认】。

⑦当点2、点3推放完后，点5会自动按比例推放，在数值上会有一定偏差，需要重新输入。选择 【移动点】工具，横偏移输入0，纵偏移输入0.5，按【Enter】键确认。同样，点15也需要重新校正数值，横偏移为0，纵偏移为−0.5，按【Enter】键确认。如图6-49所示。

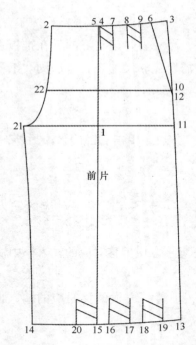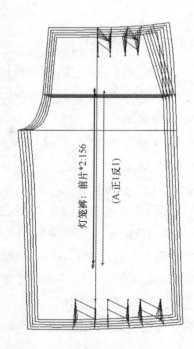

图6-49　前片轮廓线推板

（4）腰褶、裤口褶推板。

①选择 ⌐ 【单y方向移动点】工具，指示放码点：框选点4、点5、点6、点7、点8、点9，右键确认，屏幕下方纵偏移对应的输入框中输入0.5，单击【确认】。

②选择 ⊾ 【两点间比例移动点】工具，指示放码点：框选点4、点8，单击右键确认；指示端点1、点5；指示端点2、点3。

③选择 ⊞ 【移动参照点】工具：

A. 选择参照方式：⌐ 【同x同y】；指示放码点：框选点7，单击右键确认；指示参照点：点4。

B. 选择参照方式：⌐ 【同x同y】；指示放码点：框选点9，单击右键确认；指示参照点：点8。

C. 选择参照方式：⌐ 【同x同y】；指示放码点：框选点23、24，单击右键确认；指示参照点：点4。

D. 选择参照方式：⌐ 【同x同y】；指示放码点：框选点25、26，27，单击右键确认；指示参照点：点7。

E. 选择参照方式：⌐ 【同x同y】；指示放码点：框选点28、29，单击右键确认；指示参照点：点8。

F. 选择参照方式：⌐ 【同x同y】；指示放码点：框选点30、31、32，单击右键确认；指示参照点：点9。

④选择 ⌐ 【单y方向移动点】工具，指示放码点：框选点15-点20，单击右键确认，

屏幕下方纵偏移对应的输入框中输入-0.5，单击【确认】。

⑤选择 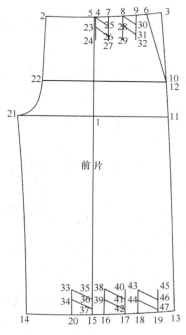 【两点间比例移动点】工具，指示放码点：框选点16、点18，单击右键确认；指示端点1：点15；指示端点2：点13。

⑥用同样方法，选择 【移动参照点】工具，选择 【同x同y】，点20参照点15，点17参照点16，点19参照点18，点33、点34参照点20，点35、点36、点37参照点15，点38、点39参照点16，点40、点41、点42参照点17，点43、点44参照点18，点45、点46、点47参照点19，如图6-50所示。

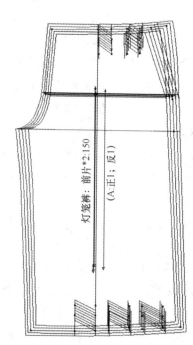

图6-50　腰褶、裤口褶推板

（5）侧兜长推板。

侧兜长是指点6到点12的距离。点12是随点3、点11的变化自动按比例推放出的。如果侧兜长没有档差的要求，此种推法最简单。如果侧兜长档差0.5，即要求点6到点12各号长度差0.5cm，推放方法如下：选择 【要素上移动点】工具：指示放码点：框选点12，单击右键确认；指示要素起点为点3，指示要素终点为点11，输入长度放码量：0.5。则展开后点6到点12的距离各号差0.5cm。

注意：如果侧兜长是不均匀档差，要求比中间码大的号型和中间码的档差为0.5cm，比中间码小的号型和中间码的档差为0。则在输入长度放码量时各号型按图6-51所示输入，展开后S号型侧兜长15cm，L、XL号型侧兜长15.5cm。

	XS	S	M	L	XL
长度				0.5	0.5

图6-51　侧兜长推板

（6）侧兜宽推板。

侧兜宽是指点6到点3的距离。点6是随点2、点3的变化自动按比例推放出的。如果要求侧兜宽各号均为3cm，推放方法如下：选择 ⟋ 【要素上移动点】工具：指示放码点：框选点6，单击右键确认；指示要素起点为点3，指示要素终点为点2，输入长度放码量0，则展开后点3到点6的距离各号均为3cm。

（7）后片轮廓线推板。

①选择 ⟋ 【固定点】工具，指示放码点：框选点48，单击右键确认。

②选择 ⟋ 【移动点】工具：

A. 指示放码点：框选点49，单击右键确认，屏幕下方横偏移对应的输入框中输入0.4，纵偏移对应的输入框中输入0.5，单击【确认】。

B. 指示放码点：框选点50，单击右键确认，屏幕下方横偏移对应的输入框中输入0.4，纵偏移对应的输入框中输入0.16，单击【确认】。

C. 指示放码点：框选点51，单击右键确认，屏幕下方横偏移对应的输入框中输入0.8，纵偏移对应的输入框中输入0或空白，单击【确认】。

D. 指示放码点：框选点52，单击右键确认，屏幕下方横偏移对应的输入框中输入0.5，纵偏移对应的输入框中输入-0.5，单击【确认】。

E. 指示放码点：框选点53，单击右键确认，屏幕下方横偏移对应的输入框中输入-0.5，纵偏移对应的输入框中输入-0.5，单击【确认】。

F. 指示放码点：框选点61，单击右键确认，屏幕下方横偏移对应的输入框中输入-0.6，纵偏移对应的输入框中输入0或空白，单击【确认】。

G. 指示放码点：框选点62，单击右键确认，屏幕下方横偏移对应的输入框中输入-0.6，纵偏移对应的输入框中输入0.16，单击【确认】。

H. 指示放码点：框选点63，单击右键确认，屏幕下方横偏移对应的输入框中输入-0.6，纵偏移对应的输入框中输入0.5，单击【确认】。

③当点52、53推放完后，点60会自动按比例推放，在数值上会有一定偏差，需要重新输入。选择 ⟋ 【移动点】工具，横偏移输入0，纵偏移输入-0.5，按【Enter】键确认。同样，点64也需要重新校正数值，横偏移为0，纵偏移为0.5，按【Enter】键确认。

④【单y方向移动点】工具，指示放码点：框选点54-点60，单击右键确认，屏幕下方纵偏移对应的输入框中输入-0.5，单击【确认】，如图6-52所示。

（8）后片裤口褶推板。

①选择 ⟋ 【两点间比例移动点】工具，指示放码点：框选点54、点56、点58，单击右键确认；指示端点1：点53；指示端点2：点52。

②选择 ⟋ 【移动参照点】工具，选择 ⟋ 【同x同y】，点55参照点54，点57参照点56，点59参照点58，点65、点66、点67参照点54，点68、点69参照点55，点70、点71、点72参照点56，点73、点74参照点57，点75、点76、点77参照点58，点78、点79参照点59，如图6-53所示。

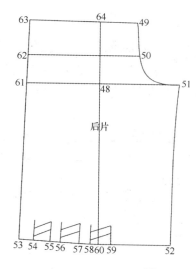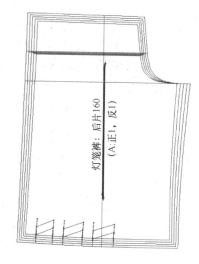

图6-52　后片轮廓线推板

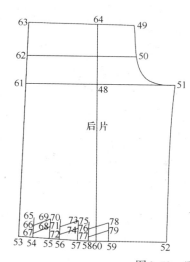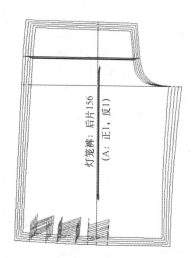

图6-53　后片裤口褶推板

（9）后育克推板。

选择 ▦【单x方向移动点】工具，指示放码点：一起框选点80、81，单击右键确认，屏幕下方横偏移对应的输入框中输入0.4，单击【确认】；再一起框选点82、83，单击右键确认，横偏移中输入 –0.6，单击【确认】，如图6-54所示。

图6-54　后育克推板

（10）腰头推板。

选择 ⊞【单x方向移动点】工具，指示放码点：一起框选点84、85、88、89，单击右键确认，屏幕下方横偏移对应的输入框中输入1，单击【确认】；再一起框选点86、87、90、91，单击右键确认，横偏移中输入 –1，单击【确认】，如图6-55所示。

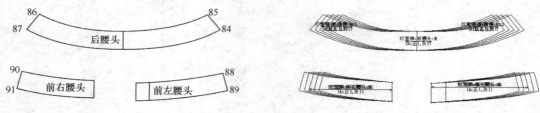

图6-55　腰头推板

（11）零料推板。

①选择 ⊞【单x方向移动点】工具，指示放码点：一起框选点92、93，单击右键确认，屏幕下方横偏移对应的输入框中输入–1，单击【确认】。

②选择【单y方向移动点】工具，指示放码点：如图6-56所示，框选点94～点104单击右键确认，屏幕下方纵偏移对应的输入框中输入：0.5，单击【确认】键。

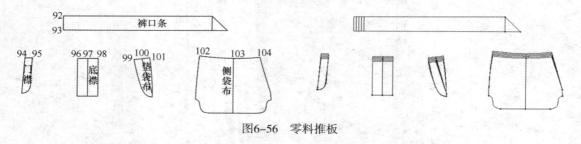

图6-56　零料推板

（12）推板结果如图6-57所示。

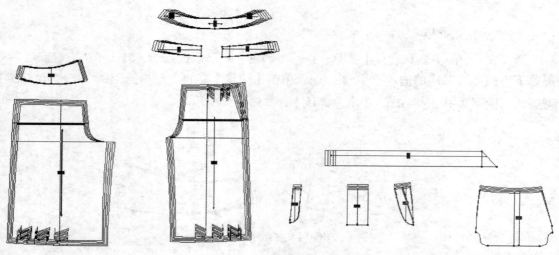

图6-57　推板结果

六、推板实例2——休闲女衬衫（切开线法）

1.休闲女衬衫款式图（图6-58）

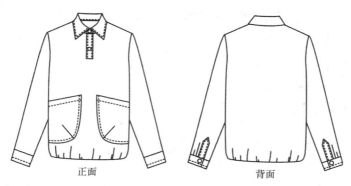

正面　　　　　　　　　　背面

图6-58　休闲女衬衫款式图

2.休闲女衬衫规格尺寸表（表6-10）

表6-10　休闲女衬衫规格尺寸表　　　　单位：cm

部位 ＼ 号型	S	M（基础板）	L	XL	档差
	155／64A	160／68A	165／72A	170／76A	
衣长	56	58	60	62	2
肩宽	38.8	39	40.2	41.4	1.2
领围	37	38	39	40	1
胸围	90	94	98	102	4
摆围	80	84	88	92	4
袖长	56.5	58	59.5	61	1.5
袖口	18	19	20	21	1

3.操作方法

衣身：

（1）推板准备。

方法同推板实例1——灯笼裤。

（2）输入切开线。

①选择 ⬛ 【输入纵向切开线】工具，画竖直方向的切开线，实现围度方向的放缩。左键单击切开线的开始点和终了点，右键确认，即可画出竖向切开线1—12。

②单击 ⬛ 【输入横向切开线】工具，画水平方向的切开线，实现长度方向的放缩。左键单击切开线的开始点和终了点，右键确认，即可画出横向切开线13—16，如图6-59所示。

注意事项：

①切开线位置的设定方法，在有档差变化的位置放置切开线。

②通过颜色可以分辨切开线的类型：横向切开线为黄色，纵向切开线为红色。

③在切开线位置和切开量相同的情况下，可以用一条切开线贯穿前片和后片，既可以保证前片和后片在相对应的位置均设有切开线，又提高了操作效率。

（3）输入切开量。

选择 ⫰【输入切开量】工具：

A. 框选线1、线2、线5、线6、线7、线8、线11、线12，单击右键确认。数值表状态下，切开量1处输入0.4，按【Enter】键。

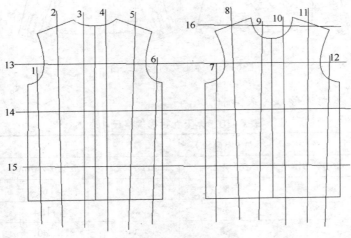

图6-59　输入切开线

B. 框选线3、线4、线9、线10，单击右键确认。数值表状态下，切开量1处输入0.2，按【Enter】。

C. 框选线13、线14，单击右键确认。数值表状态下，切开量1处输入0.5，按【Enter】确认。

D. 框选线15，单击右键确认。数值表状态下，切开量1处输入1，按【Enter】确认。

E. 框选线16，单击右键确认。在数值表状态下，切开量1处输入0.2，按【Enter】确认，如图6-60所示。

注意事项：如果输入的切开量相等，可一起框选切开线，不用分纵横方向。输入过切开量的放码线，在首尾会出现一段小横线。

袖子：

（4）输入切开线。

①选择 ⫸【输入纵向切开线】工具和 ⫰【输入横向切开线】工具，画出竖向切开线1、线2，横向切开线5、线6、线7、线8。

②选择切开线菜单中的【切开线移动】工具，按住【Ctrl】键（复制切开线），框选线1、线2，单击右键确认。松开【Ctrl】键，移至袖片右侧合适位置，再点击一次【Ctrl】

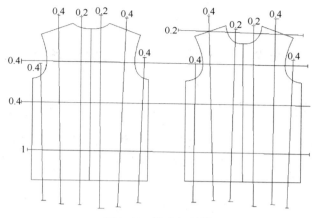

图6-60　输入切开量

键（翻转切开线）后，鼠标左键松开，画出竖向切开线3、线4。

（5）输入切开量。

①选择 ⬆️【输入切开量】工具，线1，线2、线3、线4的档差为0.25，线5、线6的档差是 0.25（袖山高档差为0.5cm），线7、线8的档差是0.5（袖长档差为1.5cm，减去袖山高已经放的0.5cm，线7、线8应该共放1cm）。

②选择 ⬆️【追加切开量】工具：点击线1和线4（尽量靠近袖肥线），单击右键确认，输入切开量0.2，按【Enter】键，如图6-61所示。

注意事项：此例演示了在同一条切开线上有多个不同档差时的操作方法。在袖肥处，线2、线3的档差是0.25cm，线1和线4的档差是0.25+0.2=0.45cm，则袖肥档差应为0.25×2+0.45×2=1.4cm；袖口档差仍为0.25×4=1cm，满足了规定的档差要求。

领子：

（6）选择 ▭【输入纵向切开线】工具，画出竖向切开线1、线2。

（7）选择 ⬆️【输入切开量】工具，切开线1、线2的档差为0.5（领围档差为1cm），如图6-62所示。

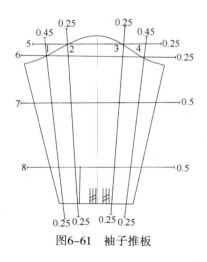

图6-61　袖子推板

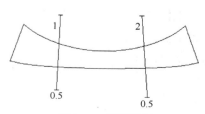

图6-62　领子推板

第四节　日升服装CAD排料系统

一、工作界面介绍

在日升NacPro系统主界面上，单击排料图标 ▨，或者在桌面上单击 ▨ 图标，或者在打板、推板系统下的【文件】菜单中选择【排料】命令，可以进入排料系统界面，如图6–63所示。

标题栏　菜单栏　工具栏

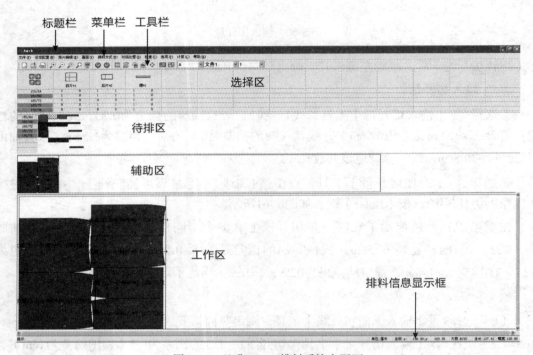

图6–63　日升NacPro排料系统主画面

1.选择区

选择区显示布片号型、图形、片数。

2.待排区

所有未排布片在此区域显示。

3.辅助图区

不论工作区是否局部放大，此区域可完整显示排料图。

4.工作区

在此区域完成排料的操作。

二、工具条介绍（图6-64、表6-11）

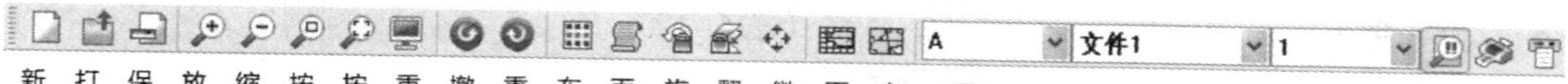

图6-64　排料系统工具条

表 6-11　排料工具条功能及介绍

序号	图标	名称	功能
1		新建	清除当前画面工作文件，创建一个新画面
2		打开	打开已经保存的文件
3		保存	将当前画面上的内容保存
4		放大	将指定的领域放大到充满工作区
5		缩小	整个画面缩小 $\frac{1}{2}$
6		按长度显示	按布长方向充满工作区的方式显示排料图
7		按宽度显示	按布宽方向充满工作区的方式显示排料图
8		刷新	清扫画面，当画面上出现不清楚状态时使用
9		撤销	回到上一步操作
10		重复	在进行撤销操作后回到下一步操作，与撤销功能相反
11		布片设定	设定、修改、删除要排料的布片及面料
12		面料设定	设定面料的幅宽、床数及特性
13		旋转锁定	锁定或解除纱向的旋转功能
14		翻转锁定	锁定或解除衣片的翻转功能
15		微动	使衣片沿上、下、左、右方向按设定的单位移动
16		面料对格	按面料上的对格点排料
17		自动排料	按自定义的幅宽自动排料
18	A	选择面料	切换面料名称
19	文件1	选择文件	切换文件名称
20	1	选择床	切换床号
21		预览	预览输出的排料图
22		打印机输出	设定打印机输出选项并可打印排料图
23		绘图仪输出	选择绘图仪并打印排料图

三、菜单介绍

日升NacPro排料系统的菜单栏上排列了十大类命令，如图6-65所示，应用菜单中的命令可以完成日升NacPro排料系统的所有任务（表6-12）。

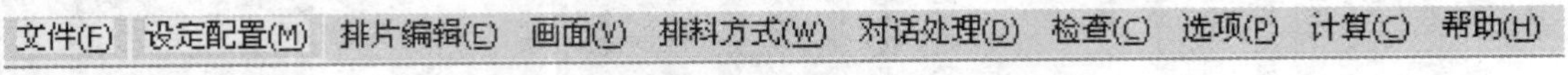

文件(F)　设定配置(M)　排片编辑(E)　画面(V)　排料方式(W)　对话处理(D)　检查(C)　选项(P)　计算(C)　帮助(H)

图6-65　日升NacPro排料系统菜单

表 6-12　排料系统菜单功能及介绍

序号	名称	功能
1	文件	包括一系列的文件管理工具
2	设定配置	包括布片、面料参数设定的命令
3	排片编辑	包括一系列排片的收放命令
4	画面	包括一系列画面显示的命令
5	排料方式	包括一系列排料方式的命令，如自动排料、半自动排料、对格排料
6	对话处理	包括一系列和排片编辑相关的命令，如复制、移动、切割、去布头等
7	检查	包括一系列检查排片的命令
8	选项	包括一系列排料参数设定的命令
9	计算	包括计算布长、重量的命令
10	帮助	包括操作说明、版本等相关信息

四、排料方式

日升NacPro服装CAD的排料系统采用的主要排料方式有自动排料、半自动排料、对格排料。

1.自动排料

自动排料是最简单、快速、省时的排料方法。在完成【布片设定】、【面料设定】后，单击【自动排料】工具或选用菜单【排料方式】中的【自动排料】，弹出"Auto Mark"对话框，如图6-66所示，单击【OK】，几秒钟便可完成排料。

图6-66　自动排料

2.半自动排料

半自动排料是指选择衣片后，系统会自动按照从下到上的顺序在幅宽范围内自动排放衣片。这种方式比较适合衣片外形比较规律、整齐的款式，如衬衫等。

3.面料对格排料

面料对格排料是指布片按面料上的对格点进行排料的方法。

4.布片对格排料

布片对格排料是指布片按各自的对格点排料的方法。

在实际的工作中，为了提高工作效率和面料使用率，往往采用多种方式结合的方法进行排料。比如，自动排料快速省时但面料使用率往往不如采用人机对话方式的使用率高。可以先用对话排料方式排好大面积的布片，然后再选择自动排料，小面积的布片就自动插空排到排料图的空当位置，既提高了使用率又节省了时间。

五、常用快捷键

排料过程中，为提高工作效率，可以使用快捷键。表6-13列出了日升NacPro排料系统常用快捷键。

表 6-13　日升 NacPro 排料系统常用快捷键

快捷键	功能	操作
F1 ～ F8	F1	水平翻转
	F2	垂直翻转
	F3	顺时针角度旋转，每按一次鼠标旋转的角度在【参数设定】中设置
	F4	逆时针角度旋转，每按一次鼠标旋转的角度在【参数设定】中设置
	F5	顺时针最大角度旋转，每按一次鼠标旋转的角度在【参数设定】中设置
	F6	逆时针最大角度旋转，每按一次鼠标旋转的角度在【参数设定】中设置
	F7	180° 旋转
	F8	角度复归
Ctrl	多片移动	按住【Ctrl】键的同时鼠标左键依次点选衣片，可以把选中的衣片一起移动
	强制布片重叠	先将衣片移动到与另一衣片重叠位置，按下【Ctrl】键，松开鼠标
Shift	多片移动	按住【Shift】键的同时，鼠标左键拖框选衣片，可以把选中的衣片一起移动
	成组与解组	【Shift】/【Ctrl】+ 鼠标左键框选衣片 +【A】键，使选中的衣片成组
		【Shift】/【Ctrl】+ 鼠标左键框选衣片 +【S】键，使选中的衣片解组
Delete	收回衣片	选中已在选择区中要收回的衣片，按【Delete】键，即可完成衣片的收回
↓←→	方向键	选中衣片，按↑↓←→方向键，可以使衣片沿所在位置的垂直上方、垂直下方、水平左方、水平右方的方位移动

注意：【Ctrl】和【Shift】键都可实现布片的多片移动，区别在于使用【Ctrl】键需要点选衣片，使用【Shift】键需要框选衣片。

六、排料实例——休闲上衣的多面料排料实例

同一款式不同面料的排料为多面料排料。以休闲上衣为例，前片、后片、袖片为面料A，领片、袖克夫、门襟、底襟、袖开叉为面料B。日升NacPro的多面料排料可以把一款服装所有材料的排料图保存在一个文件名下。

1.排料方案（表6-14）

订单资料如下：

款式：休闲上衣

尺码： 155/80　160/84　165/88　170/92

数量：　 150　　 300　　 300　　 150

要求：每床最多拉150层，每张唛架最多排5件。

表 6-14　排料方案

床次	尺码				件数	拉布层数
	155 / 80A	160 / 84A	165 / 88A	170 / 92A		
1	1	2	2	1	6	150

2.排料操作

（1）确定面料属性。

面料属性的确定是在打板模块中用【布片取出】或【布片做成】命令生成布片时设定好的，如图6-67所示，单击【面料】，进入【面料设定】对话框，选择"面料组"，填写面料名称，设定面料颜色，并在选中的面料颜色后面选上对勾，单击【确定】，在布片上就显示设定好的面料属性。如果想更改某个布片的面料属性，可以返回打板模块，执行【布片】→【修改布片属性】命令，修改相关选项即可。

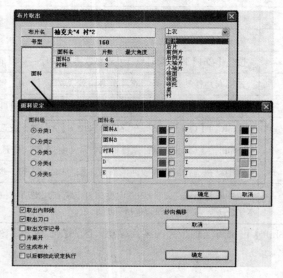

图6-67　面料属性设定

（2）选择【新建】工具或【设定配置】→【布片设定】工具，进入【布片设定】对话框，单击 ⬚ "浏览"按钮，找到要进行排料的文件：休闲上衣。

（3）面料设定。

单击【布片设定】对话框中的【面料设定】按钮，进入面料设定对话框，如图6-68所示，设定各种面料的幅宽、料长和床数，单击【确定】按钮完成设定。

图6-68 面料设定

（4）布片设定。

如图6-69所示，单击【布片设定】对话框中【面料】一项的下拉箭头，可以选择不同的面料进行【布片设定】。以面料A为例，操作过程如下：

①在【布片设定】对话框中设定进行排料的号型：点击号型边上的对勾 160/84 ✓ ，可隐藏或显示号型，被隐藏的号型将不参加排料。

②设定每个号型排料所需的套数。为了增加面料使用率，系统会自动按照一正一转的方式排料。【正/转】指该号型衣片在排料区中是否旋转180°，【正/转】加起来等于此号型排料时的一共套数。

③旋转角度：设定此片排料时是否需要旋转角度，若此片排料时需要旋转45°，则在格子中输入45，不需要旋转的布片，在格子中默认为0°。

④180° 旋转锁定：设定此片排料时是否可以任意掉头，若可以旋转180°，则是 — ；若不可以旋转180°则左键点击，使之成为 X 。

⑤翻转锁定：设定此片排料时是否可以忽略正反面，若可以翻转，则是 — ；若不可以翻转，则左键点击，使之成为 X 。

⑥最大旋转角度：设定此片在排料时可以最大旋转的角度，若最大可以旋转5°，则在格子中填5；若此片排料时不可以旋转，在格子中默认为0°。

⑦单片缩水设定：直接填入布长方向（上面的格子）及幅宽方向（下面的格子）的缩

水率，选择"用除法计算"缩水率的计算公式为：1/（1-缩水率），否则按1×（1+缩水率）计算。

⑧间隔设定：设定相邻两个布片上下左右间的间隔。

⑨点击"新建"按钮，进入排料界面，如图6-70所示。

注意事项：每个衣片下方有左右两个格子，左边的格子代表左边的片数，右边的格子代表右边的片数，是在打板系统下布片生成时设定的，进入到排料系统后，衣片的片数设定会在布片设定中自动显示。如果需要改动，可进行如下操作：

按住【Ctrl】键，鼠标左键逐个指示衣片，衣片显示红色外框，再次指示即被取消，或鼠标左键单击 ⬚ ，可选中所有布片或者所有号型；鼠标右键单击 ⬚ ，可以取消选中的衣片或号型。在选中的衣片下方左边格子中输入左片的片数，右边格子中输入右片的片数，按【Enter】键，选中的衣片将同时设置。

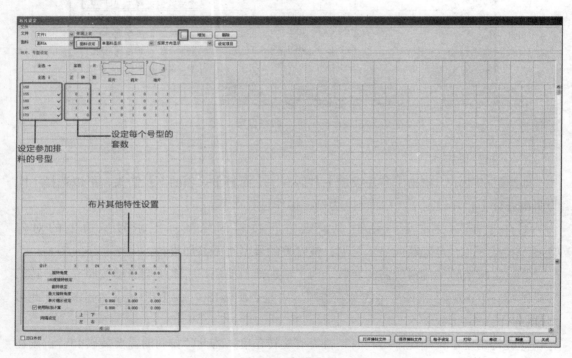

图6-69　布片设定

（5）排料。

可以采用自动排料方式，也可以采用手动排料方式。

①自动排料。

单击 ⬚ 【自动排料】工具或选用菜单【排料方式】→【自动排料】，弹出"Auto Mark"对话框，单击【OK】，如图6-70所示。

②人机对话排料。

自动排料的面料使用率往往不如采用人机对话方式的使用率高，可以结合人机对话式

图6-70 自动排料

排料对样片进行调整，以提高布料利用率。

③人机对话排料的方法。

第一步 选取排片。

A. 点击选择区的数字或辅助图区的衣片可以选中某一个衣片。

B. 在选择区衣片图示的左边单击右键 ，弹出"全选"和"每行一套"选项，"全选"可以拿下该衣片的全部左片，"每行一套"只拿出每个号型的一片。此时，鼠标自动进入排料工作区，鼠标上操控着提取的多个布片，一一滑动到欲排位置即可。同理，在选择区衣片图示的右边单击右键，"全选"可以拿下该衣片的全部右片，"每行一套"只拿出每个号型的一片。

C. 在选择区号型上左键 可以拿下该号型全部衣片。

D. 收回纸样：单击选择要收回的衣片，再单击【Delete】键将选中布片收回到选择区，或执行【排片编辑】中的相关命令收回衣片。

第二步 调整排片。

A. 移动排片。

方法一：单击布片，鼠标变成小手形状，挪动纸样到适当位置，再单击鼠标左键，布片即移动到指定位置。

方法二：单击布片，按住鼠标左键不放并滑动鼠标至【位置2】，再松开鼠标左键，可以把衣片滑动到合适的位置（1至2这条线的方向即是衣片滑动的方向）。如图6-71所示。

B. 翻转和旋转纸样。

根据布片的纱向条件，布片可以进行翻转或旋转。进行翻转或旋转前，需先把 【翻转锁定】和 【旋转锁定】工具关闭，然后才能作翻转或旋转。在选中衣片使之跟着鼠标移动的状态下，按F1~F8键可以对衣片实现翻转和旋转。具体方法见表6-13"排料系统常用快捷键表"。

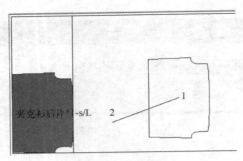

图6-71　移动排片

【选项】→【移动参数设定】可以设定翻转和旋转角度。在打开的对话框 中，设定【F3】键和【F4】键的旋转角度， 设定【F5】键和【F6】键的旋转角度。

C. 重叠排片。

为了节省布料，有时需要对纸样进行少量重叠。单击布片，将衣片移动到与另一衣片重叠位置，按住【Ctrl】键，松开鼠标左键放下衣片，即可执行衣片重叠。执行【检查】→【显示重叠布片】命令，可以在排料图中标出所有重叠的衣片，并显示重叠量。

（6）保存。

每个面料分别排好后，单击【保存】按钮以保存排料图。排料文件的格式为"*.Amk"。此文件把所有面料的排料图一并保存好，当再次调出此排料文件时，在工具行选择不同的面料，对应的排料图就能显示在工作区中。

（7）排料结果如图6-72～图6-74所示。

图6-72　面料A排料图

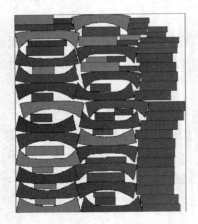

图6-73　面料B排料图

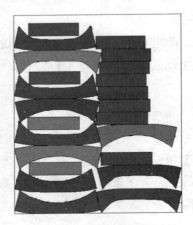

图6-74　衬料排料图

排料信息的查询可以通过执行【选项】→【显示排料信息】命令，在弹出的【排料信息】对话框中查看，如图6-75所示。

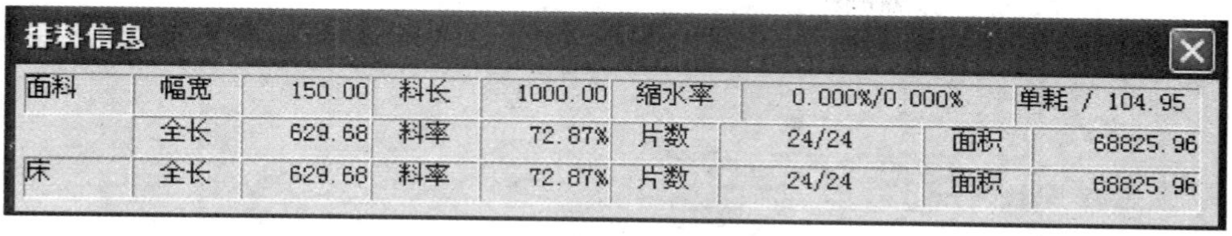
排料信息
面料
幅宽
150.00
料长
1000.00
缩水率
0.000%/0.000%
单耗 / 104.95
全长
629.68
料率
72.87%
片数
24/24
面积
68825.96
床
全长
629.68
料率
72.87%
片数
24/24
面积
68825.96

图6-75　排料信息

（8）输出。

排料输出分为“绘图仪输出”和“打印机输出”。绘图仪输出为1：1比例，打印机输出为缩小比例。

①设定输出信息。执行【选项】→【输出信息设定】，在弹出的【输出信息设定】对话框中选择内容，单击【确定】，如图6-76所示。

计算
确定
取消

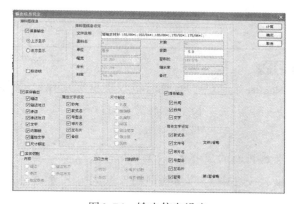

图6-76　输出信息设定

②选择打印机输出。单击【打印机输出】，弹出【打印机输出选项】对话框，选择内容，单击【确定】，完成打印，如图6-77所示。

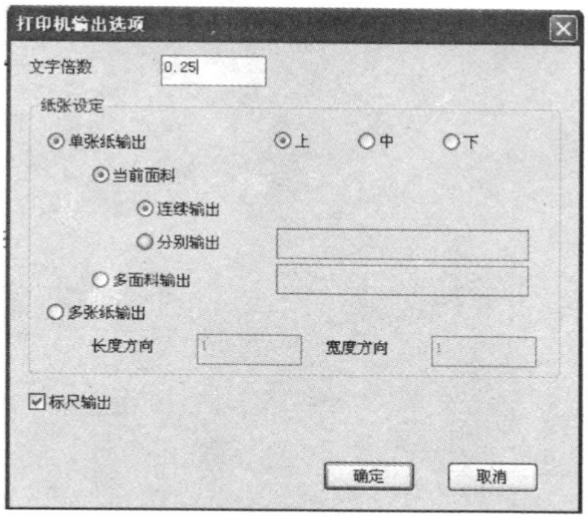
打印机输出选项
文字倍数
0.25
纸张设定
单张纸输出
上
中
下
当前面料
连续输出
分别输出
多面料输出
多张纸输出
长度方向
宽度方向
标尺输出
确定
取消

图6-77　打印机输出

③选择绘图仪输出。单击 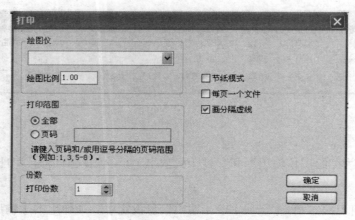【绘图仪输出】，弹出【打印】对话框，选定内容，单击【确定】，完成打印，如图6-78所示。

图6-78　绘图仪输出

思考与练习题

1.日升NacPro服装CAD系统打板模块中有几种制图方法？各有什么特点？

2.什么是放码？日升NacPro服装CAD系统主要的放码方式有几种？各有什么特点？

3.简述女裤排料的流程。

4.完成一件女士衬衫的结构制图，款式、尺寸自定，并推放出S、M、L、XL四个号型。

参考文献

［1］陈桂林.服装CAD工业制板基础篇［M］.北京：中国纺织出版社，2012.

［2］陈桂林.服装CAD工业制板实战篇［M］.北京：中国纺织出版社，2012.

［3］陈桂林.男装CAD工业制板［M］.北京：中国纺织出版社，2012.

［4］陈桂林.服装CAD标准培训教程［M］.北京：人民邮电出版社，2012.

［5］三吉满智子.服装造型学：理论篇［M］.郑嵘，张浩，韩洁羽，译.北京：中国纺织出版社，2006.

［6］陈桂林.服装工业制板技术［M］.香港：中华服饰出版社，2010.

附录

附录1.富怡服装CAD软件V8版本快捷键介绍

设计与放码系统的键盘快捷键			
A	调整工具	B	相交等距线
C	圆规	D	等份规
E	橡皮擦	F	智能笔
G	移动	J	对接
K	对称	L	角度线
M	对称调整	N	合并调整
P	点	Q	等距线
R	比较长度	S	矩形
T	靠边	V	连角
W	剪刀	Z	各码对齐
F2	切换影子与纸样边线	F3	显示 / 隐藏两放码点间的长度
F4	显示所有号型 / 仅显示基码	F5	切换缝份线与纸样边线
F7	显示 / 隐藏缝份线	F9	匹配整段线 / 分段线
F10	显示 / 隐藏绘图纸张宽度	F11	匹配一个码 / 所有码
F12	工作区所有纸样放回纸样窗	Ctrl+F7	显示 / 隐藏缝份量
Ctrl+F10	一页里打印时显示页边框	Ctrl+F11	1：1 显示
Ctrl+F12	纸样窗所有纸样放入工作区	Ctrl+N	新建
Ctrl+O	打开	Ctrl+S	保存
Ctrl+A	另存为	Ctrl+C	复制纸样
Ctrl+V	粘贴纸样	Ctrl+D	删除纸样
Ctrl+G	清除纸样放码量	Ctrl+E	号型编辑
Ctrl+F	显示 / 隐藏放码点	Ctrl+K	显示 / 隐藏非放码点
Ctrl+J	颜色填充 / 不填充纸样	Ctrl+H	调整时显示 / 隐藏弦高线
Ctrl+R	重新生成布纹线	Ctrl+B	旋转
Ctrl+U	显示临时辅助线与掩藏的辅助线	Shift+C	剪断线
Shift+U	掩藏临时辅助线、部分辅助线	Shift+S	线调整
Ctrl+Shift+Alt+G	删除全部基准线	ESC	取消当前操作
Shift	画线时，按住 Shift 在曲线与折线间转换 / 转换结构线上的直线点与曲线点		
回车键	文字编辑的换行操作 / 更改当前选中的点的属性 / 弹出光标所在关键点移动对话框		
X	与各码对齐结合使用，放码量在 X 方向上对齐		
Y	与各码对齐结合使用，放码量在 Y 方向上对齐		
U	按下 U 键的同时，单击工作区的纸样可放回到纸样列表框中		

（1）按【Shift+U】，当光标变成 ⁺◆ 后，单击或框选需要隐藏的辅助线即可隐藏。

（2）F11：用布纹线移动或延长布纹线时，匹配一个或所有码；用T移动文字时，匹配一个码或所有码；用橡皮擦删除辅助线时，匹配一个或所有码。

（3）***：当软件界面的右下角 ▫ □ 数字 cm 有一个点时，匹配当前选中的码，右下角 ⁚⁚ □ 数字 cm ⁄⁄ 有三个点显示时，匹配所有码。

（4）Z键各码对齐操作。

①用 ▥ 选择纸样控制点工具，选择一个点或一条线。

②按【Z】键，放码线就会按控制点或线对齐，连续按Z键放码量会以该点在XY方向对齐、Y方向对齐、X方向对齐、恢复间循环。

（5）鼠标滑轮。

在选中任何工具的情况下，向前滚动鼠标滑轮，工作区的纸样或结构线向下移动；向后滚动鼠标滑轮，工作区的纸样或结构线向上移动；单击鼠标滑轮为全屏显示。

（6）按下【Shift】键。

向前滚动鼠标滑轮，工作区的纸样或结构线向右移动；向后滚动鼠标滑轮，工作区的纸样或结构线向左移动。

（7）键盘方向键。

①按上方向键，工作区的纸样或结构线向下移动。

②按下方向键，工作区的纸样或结构线向上移动。

③按左方向键，工作区的纸样或结构线向右移动。

④按右方向键，工作区的纸样或结构线向左移动。

（8）小键盘【+-】。

①小键盘【+】键，每按一次此键，工作区的纸样或结构线放大显示一定的比例。

②小键盘【-】键，每按一次此键，工作区的纸样或结构线缩小显示一定的比例。

（9）空格键功能。

①在选中任何工具情况下，把光标放在纸样上，按一下空格键，即可变成移动纸样光标。

②在使用任何工具情况下，按下空格键（不弹起）光标转换成放大工具，此时向前滚动鼠标滑轮，工作区内容就以光标所在位置为中心放大显示，向后滚动鼠标滑轮，工作区内容就以光标所在位置为中心缩小显示。单击右键为全屏显示。

（10）对话框不弹出的数据输入方法。

①输一组数据：敲数字，按回车。例如，用智能笔画30CM的水平线，左键单击起点，切换在水平方向输入数据30，按回车即可。

②输两组数据：敲第一组数字→回车→敲第二组数字→回车。例如，用矩形工具画24×60的矩形，用矩形工具定起点后，输20→敲回车→输60→敲回车即可。

（11）表格对话框右键单击菜单。

在表格对话框中的表格上单击右键可弹出菜单，选择菜单中的数据可提高输入效率。

```
1/8
1/4
3/8
1/2
5/8
3/4
7/8
```

例如，在表格输入1寸8分3，操作方法，在表格中先输"1"再击右键显示，选择$\frac{3}{8}$即可。

排料系统的键盘快捷键			
Ctrl+A	另存	Ctrl+D	将工作区纸样全部放回到尺寸表中
Ctrl+I	纸样资料	Ctrl+M	定义唛架
Ctrl+N	新建	Ctrl+O	打开
Ctrl+S	保存	Ctrl+Z	后退
Ctrl+X	前进	Alt+1	主工具匣
Alt+2	唛架工具匣1	Alt+3	唛架工具匣2
Alt+4	纸样窗、尺码列表框	Alt+5	尺码列表框
Alt+0	状态条、状态栏主项	F5	刷新
空格键	工具切换（在纸样选择工具选中状态下，空格键为放大工具与纸样选择工具的切换；在其他工具选中状态下，空格键为该工具与纸样选择工具的切换）		
F3	重新按号型套数排列辅唛架上的样片		
F4	将选中样片的整套样片旋转180°		
Delete	移除所选纸样		
双击	双击唛架上选中纸样可将选中纸样放回到纸样窗内；双击尺码表中某一纸样，可将其放于唛架上		
8 2 4 6	可将唛架上选中纸样作向上【8】、向下【2】、向左【4】、向右【6】方向滑动，直至碰到其他纸样		
5 7 9	可将唛架上选中纸样进行90°旋转【5】、垂直翻转【7】、水平翻转【9】		
1 3	可将唛架上选中纸样进行顺时针旋转【1】、逆时针旋转【3】		

（1）9个数字键与键盘最左边的9个字母键相对应，有相同的功能，对应如下图。

1	2	3	4	5	6	7	8	9
Z	X	C	A	S	D	Q	W	E

（2）【8】&【W】、【2】&【X】、【4】&【A】、【6】&【D】键跟【Num Lock】键有关，当使用【Num Lock】键时，这几个键的移动是一步一步滑动的，不使用【Num Lock】键时，按这几个键，选中的样片将会直接移至唛架的最上、最下、最左、最右部分。

（3）↑↓←→可将唛架上选中纸样向上移动【↑】、向下移动【↓】、向左移动【←】、向右移动【→】，移动一个步长，无论纸样是否碰到其他纸样。

附录2.富怡服装CAD软件V8版本新增功能概览表

V8 版本新增功能			
设计	1	在不弹出对话框的情况下定尺寸	制作结构图时，可以直接输数据定尺寸，提高了工作效率
	2	就近定位	在线条不剪断的情况下，能就近定尺寸。如图示
	3	自动匹配线段等份点	在线上定位时能自动抓取线段等份点
	4	曲线与直线间的顺滑连接	一段线上部分直线部分曲线，连接处能顺滑对接，不会起尖角
	5	调整时可有弦高显示	CL=22.14cm H=2.26cm
	6	文件的安全恢复	V8 每一个文件都能设自动备份
	7	线条显示	线条能光滑显示
	8	右键菜单	右键菜单显示工具能自行设置
	9	圆角处理	能做不等距圆角
	10	曲线定长调整	在长度不变的情况调整曲线的形状
	11	荷叶边	可直接生成荷叶边纸样
	12	自动生成朴、贴	在纸样上能自动生成新的朴样、贴样
	13	缝迹线绗缝线	V8 有缝迹线、绗缝线并提供了多种直线类型、曲线类型，可自由组合不同线型。绗缝线可以在单向线与交叉线间选择，夹角能自行设定
	14	缩水	在纸样能局部加缩水
	15	剪口	在袖子在大身上同时打剪口
	16	拾取内轮廓	可做镂空纸样
	17	线段长度	纸样的各线段长度可显示在纸样上
	18	纸样对称	关联对称，在调整纸样一边时，对称的另一边也关联调整
	19	激光模板	是用于激光切割机切割样板的，就是可以按照样板外轮廓形状来切割纸样
	20	角度基准线	在导入的手工纸样上作定位线
	21	播放演示	有播放演示工具的功能

续表

手工纸样的导入		数码输入	通过数码相机把手工纸样变成计算机中的纸样
放码	1	自动判断正负	点放码表放码时，软件能自动判断各码放码量的正负
	2	边线与辅助线各码间平行放码	纸样边线及辅助线各码间可平行放码
	3	分组放码	V8有分组放码，可在组间放码也可在组内放码
	4	文字放码	T文字的内容在各码上显示可以不同，及位置也能放码
	5	扣位、扣眼	放码时在各码上的数量可不同
	6	点随边线段放码	放码点可随线段按比例放码
	7	对应线长	根据档差之和放码
	8	档差标注	放码点的档差数据可显示在纸样上
改版	1	影子	改版时下方可以有影子显示，对纸样是否进行了修改一目了然。多次改版后纸样也能返回影子原形
	2	平行移动	调整纸样时可沿线平行调整
	3	不平行移动	调整纸样时可不平行调整
	4	放缩	可整体放缩纸样
	5	角度放码	放码时可保持各码角度一致
	6	省褶合并调整	在基码上或放了码的省褶上，能把省褶收起来查看并调整省褶底线的顺滑
	7	行走比拼	用一个纸样在另一个样上行走并调整对接线圆顺情况
排料	1	超排	能避色差，捆绑，也可在手工排料的基础上超排，也能排队超排
	2	绘图打印	能批量绘图打印
	3	虚位	对工作区选中纸样加虚位及整体加虚位
绘图	1	输出风格	有半刀切割的形式
	2	布纹线信息	网样或输出多个号型名称
	3	对称纸样	绘制对称纸样可以只绘一半

附录3.富怡服装CAD系统键盘快捷键介绍

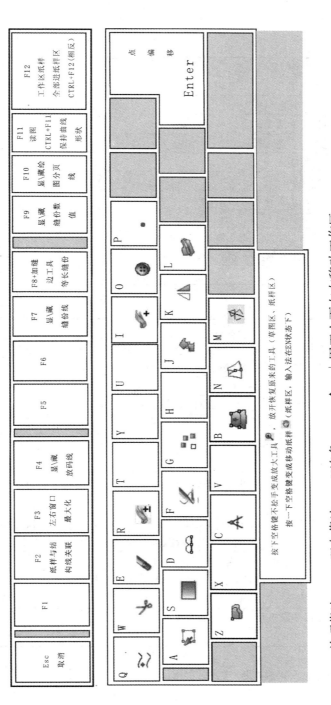

T单项靠边　H双向靠边　V连角　←↑→↓用手上下左右移动工作区

Ctrl+2　线上加两等距点　小键盘+—　随着光标所在位置［+］放大显示或［－］缩小显示。

修改工具在自由设计法中按Ctrl键左键框选可同步移动所选部位，右击某点可对该点进行偏移。

中国国际贸易促进委员会纺织行业分会

中国国际贸易促进委员会纺织行业分会成立于 1988 年，成立以来，致力于促进中国和世界各国（地区）纺织服装业的贸易往来和经济技术合作，立足为纺织行业服务，为企业服务，以我们高质量的工作促进纺织行业的不断发展。

📌 简况

🔊 每年举办（或参与）约 20 个国际展览会
涵盖纺织服装完整产业链，在中国北京、上海和美国、欧洲、俄罗斯、东南亚、日本等地举办
🔊 广泛的国际联络网
与全球近百家纺织服装界的协会和贸易商会保持联络
🔊 业内外会员单位 2000 多家
涵盖纺织服装全行业，以外向型企业为主
🔊 纺织贸促网 www.ccpittex.com
中英文，内容专业、全面，与几十家业内外网络链接
🔊《纺织贸促》月刊
已创刊十八年，内容以经贸信息、协助企业开拓市场为主线
🔊 中国纺织法律服务网 www.cntextilelaw.com
专业、高质量的服务

📌 业务项目概览

🔊 中国国际纺织机械展览会暨 ITMA 亚洲展览会（每两年一届）
🔊 中国国际纺织面料及辅料博览会（每年分春夏、秋冬两届，分别在北京、上海举办）
🔊 中国国际家用纺织品及辅料博览会（每年分春夏、秋冬两届，均在上海举办）
🔊 中国国际服装服饰博览会（每年举办一届）
🔊 中国国际产业用纺织品及非织造布展览会（每两年一届，逢双数年举办）
🔊 中国国际纺织纱线展览会（每年分春夏、秋冬两届，分别在北京、上海举办）
🔊 中国国际针织博览会（每年举办一届）
🔊 深圳国际纺织面料及辅料博览会（每年举办一届）
🔊 美国 TEXWORLD 服装面料展（TEXWORLD USA）暨中国纺织品服装贸易展览会（面料）（每年 7 月在美国纽约举办）
🔊 纽约国际服装采购展（APP）暨中国纺织品服装贸易展览会（服装）（每年 7 月在美国纽约举办）
🔊 纽约国际家纺展（HTFSE）暨中国纺织品服装贸易展览会（家纺）（每年 7 月在美国纽约举办）
🔊 中国纺织品服装贸易展览会（巴黎）（每年 9 月在巴黎举办）
🔊 组织中国服装企业到美国、日本、欧洲及亚洲等其他地区参加各种展览会
🔊 组织纺织服装行业的各种国际会议、研讨会
🔊 纺织服装业国际贸易和投资环境研究、信息咨询服务
🔊 纺织服装业法律服务

更多相关信息请点击纺织贸促网 www.ccpittex.com

推荐图书书目：服装类

书 名	作 者	定价（元）

中职技工教材

书 名	作 者	定价（元）
服装通用制图技术	吕学海 杨奇军	35.00
图案（第三版）	杜 炜	25.00
服装机械（第三版）	宋 哲	29.80
服装构成基础（第二版）	周丽娅 梁 军	28.00
服装制图（新编）	吕学海	26.00
服装美术基础（第二版）	上海纺织高等专科学校	15.00
服装美术（第二版）	姚文奎	12.00
时装画（第三版）	刘 霖	22.00
服装设计（第4版）	袁 燕 丁杏子	29.80
服装概论（第二版）	孙 杰	14.00
图解服装缝制工艺	吕学海	25.00

认证证培训

【中国市场营销资格证书考试丛书】

服装企业信息化	宁 俊 牛继舜 等	40.00
服装企业战略管理	宁 俊	36.00
服装网络营销	宁 俊 李晓慧 等	36.00
服装营销管理教学案例	宁 俊 李淑珍	35.00
服装企业管理教学案例	宁 俊	36.00
服装企业生产现场管理（附盘）	宁 俊	30.00
服装营销数据分析（附盘）	刘小红	32.00
国际服装商务	宁 俊 郭 燕 等	38.00
服装营销管理	宁 俊	35.00
服装产业经济学	宁 俊	36.00
服装品牌企划实务	宁 俊 韩 燕 等	30.00
服装企业 ERP	宁 俊 牛继舜 等	28.00
服装企业客户关系管理	宁 俊 卢 安 等	24.00
服装企业业务流程设计与再造	宁 俊	26.00
服装市场调查方法与应用	宁 俊	26.00

【专家编写服装实用教材（中级版）】

服装基础英语（第3版）	田守华 编著	32.00
服装构成基础（第3版）	周丽雅 梁 军 编著	32.00
时装画（第4版）	刘 霖 金 惠 编著	28.00
服装概论（第3版）	许晓慧 曹 勇 宋绍华 编著	32.00

【全国职业院校技能大赛中职服装设计制作竞赛推荐教材】

服装新原型 CAD 工业制板	陈桂林	39.80
服装工艺单指导手册	陈桂林	32.00

【其他】

色彩搭配设计师培训教程·三级	北京管理咨询有限公司	58.00
成为超模：超级模特入门手册	郭佳岚	45.00
服装设计定制工考核指导（高级）	海连生	32.00

注：若本书目中的价格与成书价格不同，则以成书价格为准。请登陆我们的网站查询最新书目：
中国纺织出版社网址：www.c-textilep.com